黄河流域水利碑刻集成

山西卷 五

總主编 趙超 行龍
執行總主编 駱玉安
本卷主编 郝平
本卷執行主编 吴小倫

上海交通大學出版社
SHANGHAI JIAO TONG UNIVERSITY PRESS

清（三）

546. 買松山碑

立石年代：清嘉慶五年（1800 年）
原石尺寸：高 155 厘米，寬 50 厘米
石存地點：晉中市和順縣李陽鎮榆圪塔村

〔碑額〕：永傳後世

蓋聞爲人謀而猶必忠，□爲神乎？和邑坎向四十里許有諸佛龍王廟焉。傳言廟之創建也，神之所擇而處者也。夫神果何所取？山水盤旋境固勝，且松林茂密，生氣活潑，神之所取其在斯乎！奈周氏所留松山一架，仍屬周而未屬社。神之所愛者難免爲人所戕，社中人恐致神之怨恫也久矣。今因周氏出賣，同心併力，買入社中。是昔日爲人之業者，今而爲神之業矣。自兹以往，或以資補修，或以莊色像，香火萬年，不幾永垂而無息也乎？是爲序。

樂邑庠生李宗儒薰沐頓首撰，施錢貳百文。

立買契人周克相、周際昌偕胞侄子田、子南因粮緊無辨，今將自己祖業榆圪瘩村南松山一架，東至根截石崖□□，南至中□至大梁□楊姓，左右俱至水渠，西北俱至劉姓。四至分明，石土木相連，□□出賣與諸佛龍王廟，社中承業，□□受到賣價錢拾捌千整。其錢交足無欠，永斷葛藤。日後如有争論，克相等……後無憑，立賣契存照。此山係石山，無粮。

□□相親筆立契，施錢五百文。

石匠馮濟才。

大清嘉慶歲次庚申年四月初一。

萬古流芳

自古除地而祭昭其潔也後世聖人易之以宮室所以立廟祀神之典綦重矣
我[illegible]西北隅有黨家溝土北溝名[illegible]地俗呼實爲一村應事自古爲然溝西
北梁東南舊有龍王廟一間由來已久但此地田產荒蕪養生不贍乾隆四十
年間遷居者不知凡幾所存者不過二三戶惟廟貌傾毀而林莊亦幾廢矣至
五十年間[illegible]塞漸興人復繁居鄉人聶玉發等於嘉慶二年慨然與契修建捐
貲衆姓仍於舊基修正石殿抱廈三間規模頗廠聊以展祀事之微忱答造化
之玄功然有禮以敬神豈無樂以和神于是又建樂樓三間不惟春祈而秋報
享亦且優裔澤而賀神恩猗歟休哉太平之象也余與此鄉爲鄰見工皆成
謂非一時之[illegible]也乎聊作短詞詳其顛由以爲之誌云
[illegible]傳生弟子員[illegible] 謹撰 石[illegible]
[illegible] 書 [illegible]
嘉慶五年[illegible]四月初九日立 [illegible]

547. 修建龍王廟碑記

立石年代：清嘉慶五年（1800 年）
原石尺寸：高 117 厘米，寬 72 厘米
石存地點：朔州市平魯區白堂鄉黨家溝村西北龍王廟

〔碑額〕：萬古流芳

自古除地而祭，昭其潔也，後世聖人易之以宫室，所以立廟祀神之典綦重矣。我朔西北隅有黨家溝、土北梁，名雖兩地，攸居實爲一村，應事自古爲然。溝西北梁東南舊有龍王廟一間，由來已久，但此地田産荒蕪，養生不贍。乾隆四十年間，遷居者不知凡幾，所留者不過二三，不惟廟貌侵毀，而村庄亦幾廢矣。至五十年間，煤窑漸興，人復繁居。鄉人聶丕發等於嘉慶二年，慨然興起修建，捐資衆姓。仍於舊基修正石殿抱厦三間，規模頗廠，聊以展祀事之微忱，答造化之宏功。然有禮以敬神，豈無樂以和神乎？又建樂樓三間，不惟春祈穀而秋報享，亦且慶膏澤而賀神恩。猗歟休哉！誠太平之象也。余與此鄉爲鄰，見工告成，謂非一時之大觀也乎！聊作粗詞，詳其所由，以爲之誌云。

博士弟子員程爾□謹撰，鄯陽增生員羅可元敬書。

石匠李華宏、張大士。木匠徐福、吕□。泥匠梁□。油塑畫莊□□。

嘉慶五年閏四月初九日立。

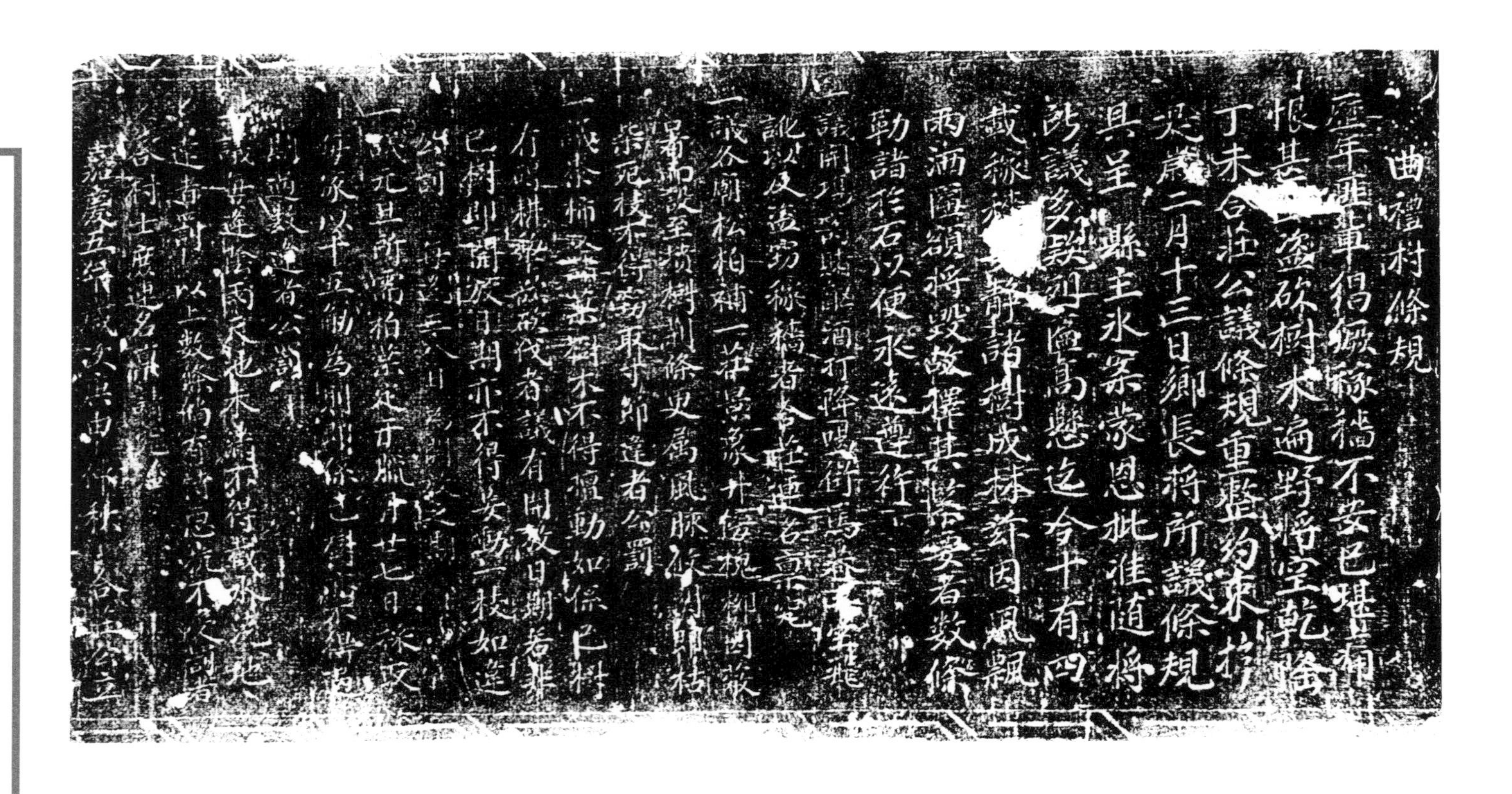

548. 曲禮村條規

立石年代：清嘉慶五年（1800 年）
原石尺寸：高 38 厘米，寬 75 厘米
石存地點：臨汾市襄汾縣新城鎮曲里村

曲禮村條規

歷年匪輩猖獗，稼穡不安已堪，痛恨甚巨。盗砍樹木，遍野將空。乾隆丁未，合莊公議，條規重整、約束。於是歲二月十三日，鄉長將所議條規具呈縣主冰案。蒙恩批准，隨將所議多款列匾高懸。迄今十有四載，稼穡□静，諸樹成林。兹因風飄雨洒，匾額將毁，故擇其緊要者数條，勒諸於石，以便永遠遵行。

一議：開場窩賭、酗酒、打降、喝街駡巷者、空飛詆以及盗窃稼穡者，合莊連名禀究。

一議：各廟松柏補一莊景象，井傍槐柳因蔽暑而設，至墳樹荆條更属風脉攸關，即枯柴死枝，不得窃取寸節，違者公罰。

一議：棗柿及諸果樹木不得擅動。如係己樹，有碍耕犁欲砍伐者，議有開放日期；若非己樹，即開放日期，亦不得妄動一枝。如違公罰。每逢三、八日，爲開放之期。

一議：元旦所需柏葉，定于臘月廿七日采取，每家以十五斤爲則，即係己樹亦不得過期、過数，違者公罰。

一議：每逢陰雨天池未滿，不得截水澆地，違者罰。

以上数條倘有恃惡抗不受罰者，各村士庶連名禀請究治。

嘉慶五年歲次庚申仲秋穀旦，合莊公立。

549. 創建龍王廟并樂樓碑

立石年代：清嘉慶五年（1800年）
原石尺寸：高173厘米，寬70厘米
石存地點：臨汾市吉縣屯里鎮石廟溝

〔碑額〕：永垂不朽　日　月

創建龍王廟并樂樓碑記

從來天下之善事，天下之善人为之也，天下之善人，天下之善念起之也。即如閻家……龍王牌位一□。时值六月，天旱太甚，数村祈雨於龍王之前曰：若降霖雨，願修廟宇……創建，奈村小力微，難以動工□造。□□化，遍告十方，仁人君子喜舍資财，以成盛事……之輝煌矣，廟□□之巍峨矣，以壯觀瞻，大非皆之可比矣。自今而後，□愿默祐斯土福……

時大清嘉慶五年八月□□□□□吉旦。

550. 重修龍王廟碑記

立石年代：清嘉慶五年（1800 年）
原石尺寸：高 110 厘米，寬 60 厘米
石存地點：吕梁市石樓縣靈泉鎮馬村龍王廟

〔碑額〕：永立碑記

嘗思：福善禍惡，天之道也，厭故喜新，人之情也，况神之爲靈昭昭也。有……上吴二里之地馬村關古有伯王、二郎、龍王共廟一座，以及樂樓……木石損□，而且壇□□□□像陳旧，合社人等□目心傷，不忍坐視。其……浩大，獨力□成，多賴□官長者、善人君子，施舍恩惠，以共成其神事也……忘仁人之恩德也，所以勒碑刻名，□□一□者耶，可流傳□□祀也云尔。

石邑儒學生員梁天祥□書。

功德主：□金有施银陸兩，文接賢施银陸兩，温世普施银陸兩，生員文生輝施银陸兩。

經領糾首：楊賫施银肆兩，文接相施银肆兩，李孝施银肆兩，温世林施银肆兩，文或元施银肆兩，文光明施银肆兩，文接財施银肆兩，薛金□施银肆兩，□□□施银肆兩，□□□施银肆兩，□有宝施银肆兩，□如愛施银叁兩，□海朝施银叁兩，吕昇□施银叁兩，吕□□施银叁兩。

（布施人員姓名略而不録）

嘉慶五年十月十八日立。

流芳百世

551-1. 孫家山龍天廟碑（碑陽）

立石年代：清嘉慶五年（1800 年）
原石尺寸：高 115 厘米，寬 52 厘米
石存地點：吕梁市方山縣大武鎮孫家山村龍天廟

〔碑額〕：流芳百世

嘗聞沿山村落，率皆野老農夫。農夫爲四民之一，耕田食力，指苦爲生，胼手胝足，靠天□□。其所求乎天者，雨暘時若也。行雨惟龍，雲行雨施，龍實主之。故龍天者，乃農夫造命之主，爲村落居民之所急宜祀禱者也。是以建廟塑像，竭誠奉祭，由來久矣。我州北孫家山，古有龍天廟一楹，創建自元，歷明及清，代代修建，四時香火供獻。蒙神呵護保佑，周遭数十村落賴以奠安。比户居民賴以生活者，皆神之功也。近來風雨飄摇，墻基塌壞，殿□頹傾，人皆目極心感，將廟計重修，但恐獨力难成。衆擎易舉，合議□訂募化，補葺新建。沿山鄰村君子，家家傾囊捐助，共襄盛事。庶農夫野老之誠心感格，而龍天□靈之膏澤洋溢，將見人喜神安，神喜人安矣。是厚望于同善之諸君子，捐施于左，勒石垂名。謹爲序。

武生張溱薰沐敬撰，書文張世清。

經理：劉法鱗、張�、劉職、肖怌昇、霍文儉、張恭、李玉明、張舉、李禄。

嘉慶五年十月十八日。

551-2. 孫家山龍天廟碑（碑陰）

立石年代：清嘉慶五年（1800 年）
原石尺寸：高 115 厘米，寬 52 厘米
石存地點：吕梁市方山縣大武鎮孫家山村龍天廟

〔碑額〕：補修碑記

大武鎮：武生張溸、州同張澄，武生張文潜，武生張□洧、张文泗。

店平村施錢人：李維瑞、任國偉、任德貴、嚴世治、任彪、張敬、任鐸、任成柱、任成安、任合乾、任學端、任恩德、張世清、任學、任德治、任成基，生員任志道、任學盛、刘君仁、刘君□、刘君柱、任談兒、任會德、任有德、霍永義、任國富、任學孔、任學岩、張珍、任雲、李維祀、陳□。

□芳村施錢人：李大信、張耀隆、張立德、張□儒、張□玥、張福喜、張福善、李恭耀、張福全、張興、李錫成、李□成、李維岑、四知館王科、張耀全、張耀珍、郝士漢、景生□。

楊家吃垛村施錢人：雒正法、楊天林、楊天彬、李步禄、肖□才、李芝會、王□富、郭玉全、任玘和、高宣、李寧喜、高在位、法明兒、任思恩、王琴儒、薛維成。

塔崖村施錢人：閆恩堯、閆有清、閆奇山、閆玥喜、閆萬山、閆花喜、賈有喜。

楼家庄施錢人：張尔金、薛成普、薛君成、薛玥亮、薛玥顯、薛恩普、蘇崗、李似彩、薛興雲、薛□高、薛士盛、李海林、李寅凡。

菜地馬村施錢人：宋元金、雒貴炎、杜座、李享、雒貴清、宋元寧、張文成、張奇州。

新杜窠村：□曾讓、孫□祥、崔□、蘇朝、高成禄、牛登雲、刘君偉、吴廷飛、梁焕元、張成隆、肖�興。

本村：刘俊、刘昇、刘成、刘開、李禎、李治、霍文熊、霍君禎、張吉、張儒、張世榮、李法才、李□棵、□□昇、刘德仁。

誥授奉政大夫山西絳州直隸州知州年家眷弟渤海葉安之頓首拜題
母周太孺人命施捨渠道四村感德碑
仪公諱居仁字純一奉
嘉慶五年歲次庚申拾一月穀旦

552-1. 周太孺人命施捨渠道四村感德碑（碑陽）

立石年代：清嘉慶五年（1800 年）
原石尺寸：高 243 厘米，寬 84 厘米
石存地點：運城市絳縣博物館

仈公諱居仁字純一奉母周太孺人命施捨渠道四村感德碑

首事人：九品王俊、監生蘇鳳鳴、九品譚招魁、生員侯三捷、九品周思直、監生許良貴、九品譚法亮。

渠長：譚振明、譚作福、周方誥、許時得、任自超、周國耀、譚維新、侯如圻、朱三良、侯克岐、王秉信、譚大貴、楊國樂、許文清、譚大英、任永財、周廷璉、朱鍾□、周□合、周德元、支友奇、朱效德、刘宗臣、任廷環、周相武、刘定邦、侯克勳、監生侯廷愷、王尚會、寧□林、許推唐、監生周效瑚、譚存質、蘇桂榮、譚企文、譚泰和、譚存經、朱長法、郭起昌、李孔耀、李思興、王子俊、任廷立、監生李□蘭、周子□、周曰忠、王文花、侯廷珍、周相益、王尚順、喬天福、刘玉書、朱大明、喬三樂、譚方城、楊世英、都司周萬鍾、周國全、周萬富、周方成、周國相、任自明、周方貴、周富全。

誥授奉政大夫山西絳州直隸州知州年家眷弟渤海葉汝芝頓首拜題。

嘉慶五年歲次庚申拾一月穀旦。

士君子名顯當時光昭奕禩必先有過人之行使見者仰慕聞者興羨也依古以來大抵類然豈至今而或殊哉邇來東外村有慷慨好施聲聞籍藉者姓曰仇氏名曰居仁純一其字也所居之莊北近喬寺西隣東西兩山底四村北壤相接共灌一渠水利其來久矣歲抵庚申夏六月炎氣甚盛田苗需水者急而渠道勿損爲問其處曰仇家灣其南岸即純一公地四村渠長以故渠艱於修築欲爲舍舊從新之計咸就純一公致懇公和氣迎人藹然可親見者已心竊賞之言及渠道純一公又慷慨然無吝色始信向所傳聞果不謬也而純一公寔未嘗自是而專主請之其母周孺□而事始定則此舉也固純一公之嘉德亦其母孺人有以成之也如孺人者殆敬姜□鄭之流亞歟宜純一公迥然異人也厥後四村渠長欲出金以爲渠道價貲亟請於純一公公弗許且不使分任其粮其輕財重義有如此夫施報理也亦情也純一公有此德施而無以報之於理不可於情何安爰於本年十一月共議勒石刻銘永彰厥德議既定敬延嶺東以申□荷之誠且以勸後之來者云爾

552-2. 周太孺人命施捨渠道四村感德碑（碑陰）

立石年代：清嘉慶五年（1800年）
原石尺寸：高243厘米，寬84厘米
石存地點：運城市絳縣博物館

士君子名顯當時，光昭奕祀，必先有過人之行，使見者慨慕，聞者興羨也。依古以來，大抵類然，豈至今而或殊哉？邇來東外村有慷慨好施、聲□藉藉者，姓曰仉氏，名曰居仁，純一其字也。所居之莊北近喬寺，西鄰東西兩山底，四村地壤相接，共灌一渠水利，其來久矣。歲抵庚申夏六月，炎氣甚盛，田苗需水者急，而渠道忽損焉。問其處，曰仉家湾，其南岸即純一公地。四村渠長以故渠艱於修築，欲爲舍舊從新之計，咸就純一公致懇。公和氣迎人，藹然可親，見者已心窃賞之。言及渠道，純一公又慷慨無吝色，始信向所傳聞，果不誣也。而純一公實未嘗自是而專主，請之其母周孺人，而事始定。則此舉也，固純一公之嘉德，亦其母周孺人有以成之也。如孺人者，殆敬姜韓鄭之流亞歟？宜純一公迥然异人也。厥後四村渠長欲出金以爲渠道價資，亟請於純一公，公弗許，且不使分任其粮，其輕財重義有如此。夫施報理也，亦情也。純一公有此德施，而無以報之，於理不可，於情何安？爰於本年十一月，共議勒石刻銘，永彰厥德。議既定，敬述巔末，以申感荷之誠，且以勸後之來者云爾。

553. 吃水息訟碑

立石年代：清嘉慶六年（1801 年）
原石尺寸：高 17 厘米，寬 75 厘米
石存地點：晋城市澤州縣大陽鎮南溝村

敕授文林郎知鳳臺縣事加三級紀録八次葛：

鳳臺之南溝村，有井四眼，高平之東庄村，無井有三坑，因吃水争訟，在南溝村不得爲直。孟子云："昏暮叩人之門户求水火，無弗與者，至足矣。"汲蓄之水尚且與人，何况在井者乎！如必阻其吃水，則天下行路之人汲水以濟渴者，俱可以阻之矣，何古今天下不聞有是事也？應令兩村庄彼此通融，井水、坑水任憑汲取，不得再行争競。各具遵結可也。此判。

立合同：鳳台縣南溝村鄉約王喜成、靳永成，社首楊魁，高平縣東庄村民張德潤、張德齡。因南溝村有井四眼，東庄無井有三坑。自此兩村義和，彼此通融，井水、坑水任憑汲取，不得再行争競。公同立此合同二紙，各執存照。

吾村與南溝村相離咫尺，一属鳳台，一属高平，蓋接壤而兩縣分焉。曩者敝村水缺，遇天旱而拮据尤甚，南溝村水養不窮，於是莫不以南溝之水爲生活之計矣。去歲季冬，忽因擔水見阻，以致興訟。蒙鳳台縣葛仁慈援書立判，硃標合同。所謂普天之下，莫非王土也。遂將判語合同勒石，以爲永久之照云。

大清嘉慶六年歲次辛酉五月十二日中浣之吉，東庄村閤社公立。

重修九龍聖母廟碑記

記有之常祀無福 神不可瀆也然而亦不可慢靜邑崑南婁煩城北之西有名

龍王塔者洪山來脉汾水前繞上建

九龍聖母廟展有關於家濟蒼生之古蹟非淫祀也創始無考據所遺功德名碑

城北前明御史王公希曾夫曾祖元初知婁煩縣時兄弟重修俾以春祈秋報早則崇

之豈瀆也於迄今五百餘年矣傾頹剝泐嗟不可嗟過慫哉 嘉慶庚申五年四月十

五日闔村又敬議卜吉重修因舊規更新正殿歌臺俱彩飾而 聖像金碧週圍繚以

垣葺東廊震字門改起鐘樓于上移門于坤方次年辛酉六月十七日告竣開 光獻

戲將一切所費若干鐫碑陰各項糾首者村中作何攤派布施者其姓名亦詳鐫之從

之謂不慢 神而獲福無窮矣 神功之浩蕩未易形容僅陳数語以表萬一是以村

人ゝ序于吾ゝ亦不辭而為之序

嘉慶戊午科副榜呂思聰薰沐頓首拜譔　同邑增廣生員馬茂元薰沐頓首拜書

王尚仁　王可子　王來召　王秦南　王錫魁

糾首　王可俊　王可讓　王九秩　王鵬程　庠生王鵬年

皆

大清嘉慶陸年歲次辛酉陸月丙午朔越十七日壬戌大吉之時勒　崞邑石匠張玉仕刊

554. 重修九龍聖母廟碑記

立石年代：清嘉慶六年（1801 年）
原石尺寸：高 120 厘米，寬 55 厘米
石存地點：太原市婁煩縣城北村學校

重修九龍聖母廟碑記

《記》有之，淫祀無福，神不可瀆也，然而亦不可慢。静邑嶺南婁煩城北之西崗有名龍王塔者，洪山來脉，汾水前繞，上建九龍聖母廟，展□有關於宏濟蒼生之古迹，非淫祀也。創始無考，據所遺功德名板，繫城北前明御史王公希曾之曾祖，元初知婁煩縣時，兄弟重修。俾以春祈秋報，旱則禜之，豈瀆也欤！迄今五百餘年矣。傾頽剥泐，疇不吁嗟遝慫哉。嘉慶庚申五年四月十五日，闔村又敬議卜吉重修，因舊規更新。正殿、歌臺俱彩餙，而聖像金碧，周圍繚以垣葺，東廊震字門改起鐘楼于上，移門于坤方。次年辛酉六月十七日告竣。開光献戲，將一切所費若干鎸碑陰。各項糾首者，村中作何摊派布施者，其姓名亦詳鎸之，總之謂不慢神而獲福無疆。然神功之浩蕩，未易形容，僅陳数語以表萬一。是以村人乞序于吾，吾亦不辞而約言之耳。

嘉慶戊午科副榜吕思聪薰沐頓首拜撰，同邑增廣生員馬茂元薰沐頓首拜書。

糾首：王尚仁、王可子、王來召、王奏南、王錫魁、王可俊、王可讓、王九秩、王鵬程、庠生王鵬年。

崞邑石匠張正仕、張正位刊。

時大清嘉慶陸年歲次辛酉陸月丙午朔越十七日壬戌大吉之時勒。

碑記

555. 郭氏捨地碑記

立石年代：清嘉慶六年（1801 年）
原石尺寸：高 161 厘米，寬 55 厘米
石存地點：晋中市和順縣平松鄉坪地川村

〔碑額〕：碑記

和邑之東三十里許，有□地川西□，□郭氏之古宅□。郭……正、郭心、郭清等情□施舍□□□□一所，戲樓一座，以爲□□秋報之地，□盛事也。又有得□□塘……相連，村之取於□水而足用者，□□□無其□□□之人□□□而……澤。願□諸□□，以誌不□，□不□□□之意也。□□記。

（人名漫漶不清，略而不録）

嘉慶六年十一月十七日合村人等立。

永垂不朽
儒學生員
首事人

556. 杜莊水利碑

立石年代：清嘉慶六年（1801 年）
原石尺寸：高 146 厘米，寬 66 厘米
石存地點：臨汾市霍州市三教鄉杜莊村

〔碑額〕：永垂不朽

太宗以馬跑神泉酬賜杜公献粮之德，歷有明驗。因計渠路遥遠，居民衆多，猶恐不足於用，又将□波泉水十日之内勒賜杜莊應用三日，東城應用七日。碑誌纂修，在在可考，相沿已久，無敢有侵擾者。至嘉慶六年四月間，東城陡出好事之徒王則堯、王沆等新鑿水池，竟将杜莊三日之水偷放新池。是以杜莊村馬得益、成習□等與□理講，硬抗不服，因而具禀州尊。查得□波泉水顯有杜莊分水古渠，雍正年間纂修，逐逐可據，東城陡行謀賴，大属不法。責令两造各守舊規，毋得再爲滋擾。硃賜断案，面諭杜莊村於每旬之六、七、八日用水。嗣後再立碑誌，以免後之侵擾者。是爲序。

儒學生員成逢年、成邦彦、成奎元、成若淮、成逢春撰文書丹。

首事人：成□澄、成□潔、馬得盛、成□强、成□□。

石匠喬大水刊。

大清嘉慶六年季冬上浣吉日合社公立。

重修龍王廟碑記

雲行雨施，然後品物流形，故有渰萋萋，興雨祁祁，大田詩人之望雨如此其切也。而沛然下雨，龍王實司其職，此真有功烈於民者，致反始以厚其本，能不春祈秋報，盡其慇而慇，盡其敬而敬哉！尚家寨舊有龍神祠，報雨澤也。因祭龍王而追祀龍母，以及文殊菩薩、關聖帝君、子孫聖母、老趙將軍，莫不塑像而崇祀者，所以擴敬神之心，即《戴記》索饗之義也。歷按古碣，昉於故明天順八年，至萬歷二十八年曾重修之。然基址偏仄，規模湫隘，且碑在西偏，無以束一鄉之元氣，鄉人士欲改絃而更張也，久矣。歲庚申，國學生尚子萬仁慨然煮茗，會同糾首協力捐貲，而鄉人罔弗輕財重義，共勸盛舉，捐銀一千五百餘兩，因相厥地勢，擇於舊寺之東，狹者拓之，使潤溝者填之使平。凡正殿、兩廊、鐘鼓二樓、山門、戲臺等，概從而新之。其仍舊者，惟神像而已，而兩馬二童不與焉。況神像中之加大者且居其半，雖曰重修，實與創始無異耳。於是棟宇輝煌，金碧耀目，規模宏壯，氣象潤大，以今視昔，固大有間矣。計其費八會糾首捐地趣工二千餘，作銀二百餘兩，共費叁千七百餘金。經始於庚申之陽月，落成於壬戌之季春，越年半而工乃畢。屬愚以文記其事。夫文豈鄙人所能為？而事則愚之所素悉，因覼縷以陳，如兔園冊，惟欲使後之君子讀是碑，如親其事，庶竭力輕財，相與敬修，於不替也已。

庠膳生員　郝秀廷撰

本邑儒士　尚溯昌書

皆

大清嘉慶七年歲次壬戌季春穀旦立

陰陽　趙彧

正殿木匠　吳廷潤　吳廷湖

山門木匠　[illegible]

鐘樓木匠　賈喜廷　賈生廷

泥匠　閆開有

石匠　尚萬成　尚玉寶　尚勇

[illegible]　閆廣珍

正殿畫匠　傅汗千　後門畫匠　趙殿

山門畫匠　蔡儀廷

鐘樓畫匠　魏茂功

邑人　趙興法

557. 重修龍王廟碑記

立石年代：清嘉慶七年（1802年）
原石尺寸：高140厘米，寬60厘米
石存地點：晉中市壽陽縣宗艾鎮尚家寨村

重修龍王廟碑記

雲行雨施，然後品物流形，故有渰萋萋，興雨祁祁，大田詩人之望雨如此其切也。而沛然下雨，龍王實司其職，此真有功烈於民者。致反始以厚其本，能不春祈秋報，盡其愨而愨，盡其敬而敬哉？尚家寨舊有龍神祠，報雨澤也。因祭龍王而追祀龍母，以及文殊菩薩、關聖帝君、子孫聖母、老趙將軍，莫不塑像而崇祀者，所以擴敬神之心，即《戴記》"索饗"之義也。歷按古碣，昉於故明天順八年，至萬曆二十八年曾重修之。然基址偪仄，規橅譾陋，且僻在西偏，無以束一鄉之元氣。都人士欲改絃而更張也久矣。歲庚申，國學生尚子萬仁慨然煮茗，會同糾首，協力捐資，而鄉人罔弗輕財重義，共襄盛舉，捐銀一千五百餘兩。因相厥地勢，擇於舊寺之東，狹者拓之使闊，溝者填之使平。凡正殿、兩廊、鐘鼓二樓、山門、戲臺等，概從而新之。其仍舊者惟神像而已，而兩馬、二童不與焉。况神像中之加大者且居其半，雖曰重修，實與創始無异耳。於是棟宇輝煌，金碧耀目，規模宏整，氣象闊大。以今視昔，固大有間矣。計其費，八會糾首按地起工二千餘，作銀二百餘兩，共費壹千七百餘金。經始於庚申之陽月，落成於壬戌之季春，越年半而工乃畢。屬愚以文記其事。夫文豈鄙人所能而事，則愚之所素悉，因覼縷以陳，如兔園册。惟欲使後之君子，讀是碑如親其事，庶竭力輕財相與敬修於不替也已。

廩膳生員郝秀廷撰，本邑儒士尚弼昌書。

陰陽：趙載。

正殿泥木匠：吴廷潤、吴廷潮。

山門泥木匠：王金才、賈世□、賈占梅。

戲樓木匠：賈喜廷、賈生廷。

鐵匠：閆開有。

瓦匠：尚萬成、尚玉寶、尚勇。

□□匠：閆廣珍。

正殿画匠：傅汗千。門徒塑匠：趙殿。

山門画匠：蔡儀廷。

戲樓画匠：魏茂功。

□筆：趙興法。

大清嘉慶七年歲次壬戌季春穀旦立。

天人事失於下天變形於上若徵之作必有田然吾村連年二井亦皆有曲因下有古井曰正井下井
者古人相傳後世募[illegible]時也[illegible]木楊歲居民鮮少井水泥淤不意後世大雨罕希井泉常乾没者
匠村沐雨櫛風憂考成疾嘆者[illegible]知者馬足胼胝盖前聖憂家而今大憂己我大社急請堪輿新開井
曰上井掘深水微功峻急止三人冥曰吾等仰觀俯察日夜思慮欲穿上井未開[illegible]張應杰曰請友
闘地主曰然三人誓曰脉若旺之一村啟之水若微之三人填之三人奮力一村[illegible]計共十日其泉
湧出何其神也及水出三人又曰助我者地主也非地主難見吾誠非吾力誰知彼量吾于地主其同
志各聞黄金珠玉飢不可食人死留名豹死留皮村中人聞之曰義士隨勸石題名由此推之非人之
天功而何遥上天之載無臭無聲萬類資始品物流形念茲在茲永保其吉將諸姓名開列于左
文昌會施銀十五兩　後學黄本立撰並書
施主　黄君室　黄振鐸　黄榮　玉工王令文
張應信　黄五寛　張萬年　黄　張應晉　黄継周
德人　黄継賢　應杰　継前人　黄步奎　張應典　住持性[illegible]
嘉慶拾年仲秋朔五日　闔社人　立石

558. 掘井碑記

立石年代：清嘉慶七年（1802 年）
原石尺寸：高 120 厘米，寬 70 厘米
石存地點：晉城市澤州縣高都鎮黄家村

夫人事失於下，天变形於上。咎徵之作，必有由然。吾村連穿二井，亦皆有由因。下有古井，曰下井。下井者，先人相傳，後世莫忘。□之時也，草木暢茂，居民鮮少，井水泛濫。不意後世大雨罕希，井泉常乾淺者。固守沐雨櫛風，憂勞成疾，嘆□□如臘，禹足胼胝。蓋前聖憂衆，而今人憂己。我大社急請堪輿，新開井，曰中井，掘深水微，功峻［竣］急止。三人突曰：“吾等仰觀俯察，日夜思想，欲穿上井，未問地主張應杰曰諾。”及問地主，曰：“然。”三人誓曰：“水若旺之，一村飲之；水若微之，三人填之！”三人奮力，一村莫及。計攻十日，其泉涌出。何其神也！及水出，三人又曰：“助我者，地主也。非地主，难見吾志；非吾力，誰知彼量。吾于地主其同志矣！聞黄金珠玉，飢不可食；人死留名，豹死留皮！”村中人聞之，曰：“義士！”遂勒石題名。由此推之，非人力天功而何！蓋上天之載，無臭無声；萬類資始，品物流形；念玆在玆，永保貞吉。將諸姓名，開列于左。

後學黄本立撰并書。

文昌會施銀十五兩。

施地主：黄君玺。

功德人：張應信、黄繼賢、黄五寬、張應杰。

維首人：黄振鐸、張萬年、黄步奎、黄荣、張應普、張應興、黄繼周。

玉工：王令文。

住持：性常。

嘉慶七年仲秋朔五日閤社人立石。

559. 重修井之窪龍王堂碑記

立石年代：清嘉慶八年（1803 年）

原石尺寸：高 102 厘米，寬 65 厘米

石存地點：大同市廣靈縣作疃鎮井之窪村

蓋聞國家以民爲本，民以食爲天。食者，萬民之所賴而不□無……風調之雨順，秋際收穫，惟祈萬寶之告成。此雖出於小民之□□本……田苗皆欣然以向榮，降冰霜，草木亦枯□□無色。靈機之□□然而可見者……之所賴亦當與龍神并治，其誠敬也矣！今有井□□村西山□□老龍王□……廟貌輝煌者，誠可仰望也。但歲月日久，風雨傾頽。□日之焕然者，今……土崩瓦解，□傾檝摧，已难爲情矣。幸未至於湮没，而□存□有舊制而可因……傷曰："廟貌之如此損壞者，乃天爲之，人亦無如何也！"於是村中共議□銀施□。賴衆善人而施財，亦由神靈之默佑，故立碑刻銘，以示萬□不朽云爾。

廣靈縣儒學生員刘荆川撰文□丹。

天鎮縣孌家同化僧、□開，監管重修此寺……

聖佛寺□持空智，□居井之窊村施……

石工高存德施錢二百文，□如□……木工王老□施錢八百文，泥工黄通施錢三百文，畫工楊溶施□□百文。

嘉慶八年三月春穀旦。

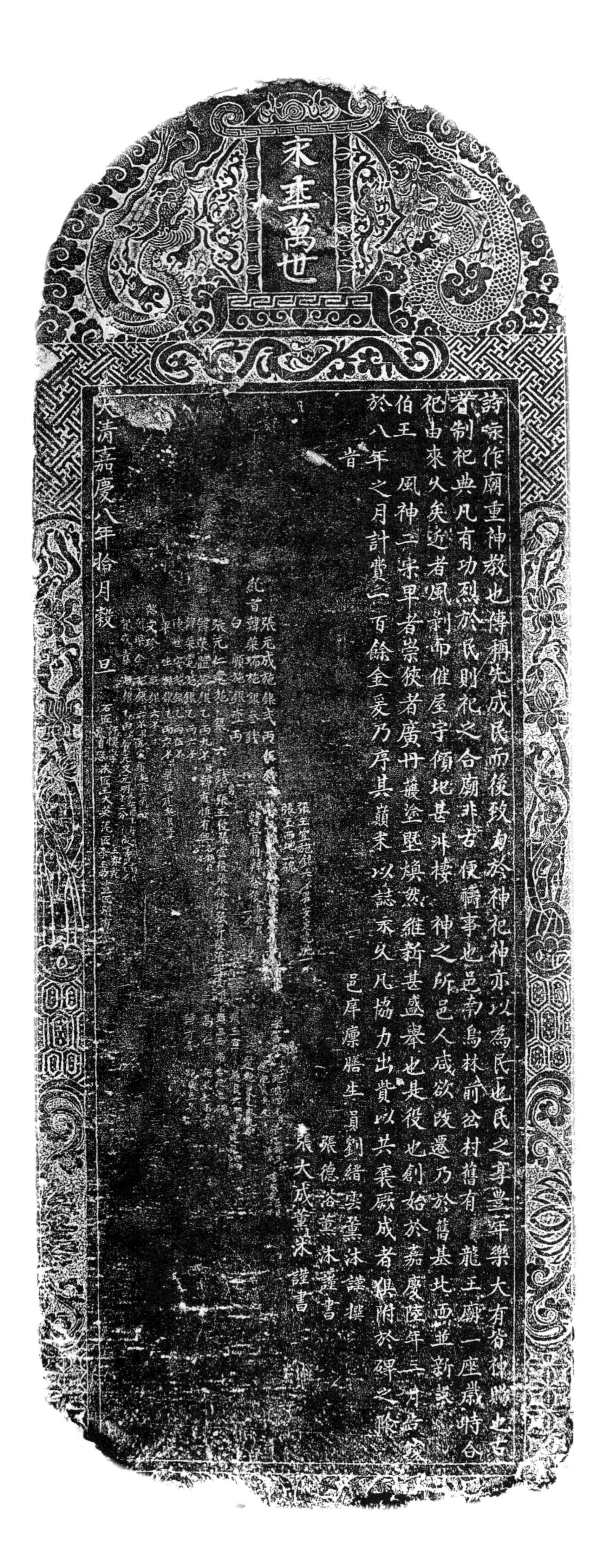
永垂萬世
詩崇作廟重神教也傳稱先成民而後致力於神祀神亦以為民也民之尊豊年樂大有皆神之賜也古
者制祀典凡有功烈於民則祀之合廟非古便禱事也邑南烏林前公村舊有龍王廟一座歲時合
祀由來久矣近者風剝雨催屋宇傾圮甚非棲神之所邑人咸欲改遷乃於舊基北西並新奐
伯王 風神二案卑者崇狹者廣丹雘塗墍煥然維新甚盛舉也是役也創始於嘉慶陸年三月告竣
於八年之月計費二百餘金爰乃序其巔末以誌永久凡協力出貲以共襄厥成者俱附於碑之陰
邑庠廩膳生員劉縉雲薰沐謹撰
張德浴薰沐謹書
張大成薰沐謹書
大清嘉慶八年拾月穀旦

560. 修立黑龍王廟碑記

立石年代：清嘉慶八年（1803 年）
原石尺寸：高 184 厘米，寬 67 厘米
石存地點：吕梁市柳林縣留譽鎮槐樹溝村

〔碑額〕：永垂万世

《詩》咏作廟，重神教也。《傳》稱“先成民，而後致力於神”，祀神亦以爲民也。民之享豐年、樂大有，皆神賜也。古者制祀典：凡有功烈於民則祀之，合廟非古便禱事也。

邑南烏林前岔村舊有龍王廟一座，歲時合祀，由來久矣。近者風剥而催［摧］，屋宇傾圮，甚非栖神之所，邑人咸欲改遷。乃於舊基北面，并新設伯王、風神二宗。卑者崇，狹者廣，丹雘塗塈，焕然維新，甚盛舉也。是役也，創始於嘉慶陸年三月，告竣於八年之月，計費一百餘金。爰乃序其巔末，以誌永久。凡協力出資以共襄厥成者，俱附於碑之陰。

邑庠廩膳生員劉縉雲薰沐撰，張德浴薰沐謹書，張大成薰沐謹書。

糾首：張元成施銀二兩□錢，張玉宜施銀六錢、男安定兒施一錢，張玉西施地一塊，張玉……韓榮瑞施銀三錢、男韓管前、韓裕後施銀□錢，白順施銀一兩，張元仁施銀六錢、男張玉後、張雲後、張裕後、張昇後、張□後施銀二錢，韓榮體施銀一兩九錢、男韓有慎、有興各施銀□錢，韓榮寬施銀一兩六錢，陳世安施銀乙兩五錢，梁生施銀乙兩六錢、男梁福元施銀三錢，韓文珍施銀六錢，韓榮全施銀六錢、男五家鎖施銀一錢，賀成貴施銀乙兩、男賀元文、元明各施銀□錢二分，□□喜兒施銀□錢，梁□花施銀四錢、男梁□施銀七錢，□□□兒施銀二錢……張三宣施銀六錢、男□□□施銀□□，高仁施銀□□□分，韓有□施銀五錢。

石匠：許懷學、張自懋。木匠：王大英。泥匠：王有乾、李玉尚。畫匠：張有□。

時大清嘉慶八年拾月穀旦。

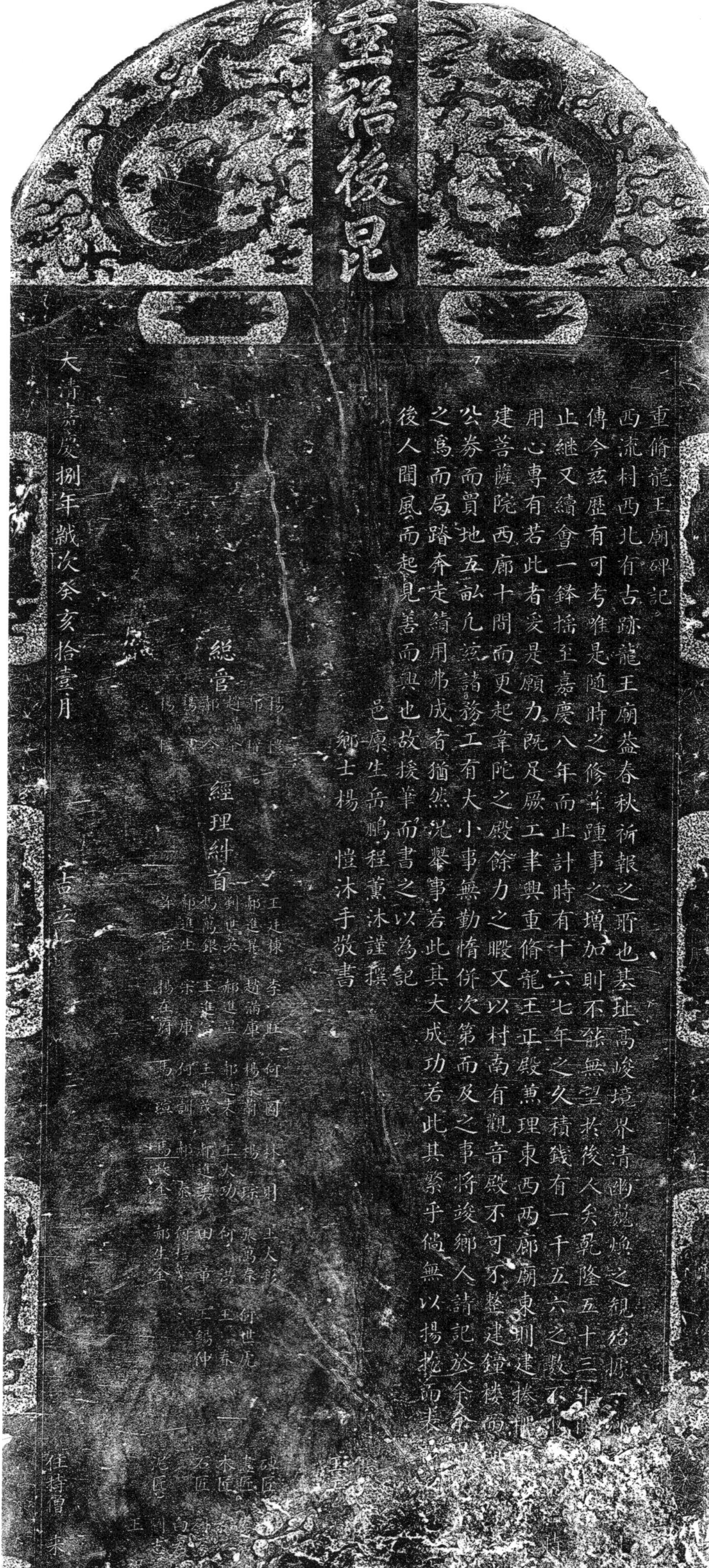
垂裕後昆
重脩龍王廟碑記
西流村西北有古跡龍王廟蓋春秋祈報之所也基址高峻境界清幽巍煥之規殆擬
傳今茲歷有可考惟是隨時之修葺踵事之增加則不能無望於後人矣乾隆五十三年
止繼又續會一錢摇至嘉慶八年而止計時有十六七年之久積錢有一千五六之數不
用心專有若此者爰是願力既足厥工聿興重脩龍王正殿兼理東西兩廊廟東則建捲棚
建菩薩院西廊十間而更起韋陀之殿餘力之暇又以村南有觀音殿不可不整建鐘樓而
公券而買地五畝九弦諸務工有大小事無勤惰併次第而及之事將竣鄉人請記於余余
之為而局蹐奔走笥用弗成者猶然況舉事若此其大成功若此其緊乎倘無以揚抱而表
後人聞風而起見善而興也故援筆而書之以為記
邑庠生岳鵬程薰沐謹撰
鄉士楊 愷沐手敬書
總管
經理糾首
大清嘉慶捌年歲次癸亥拾壹月

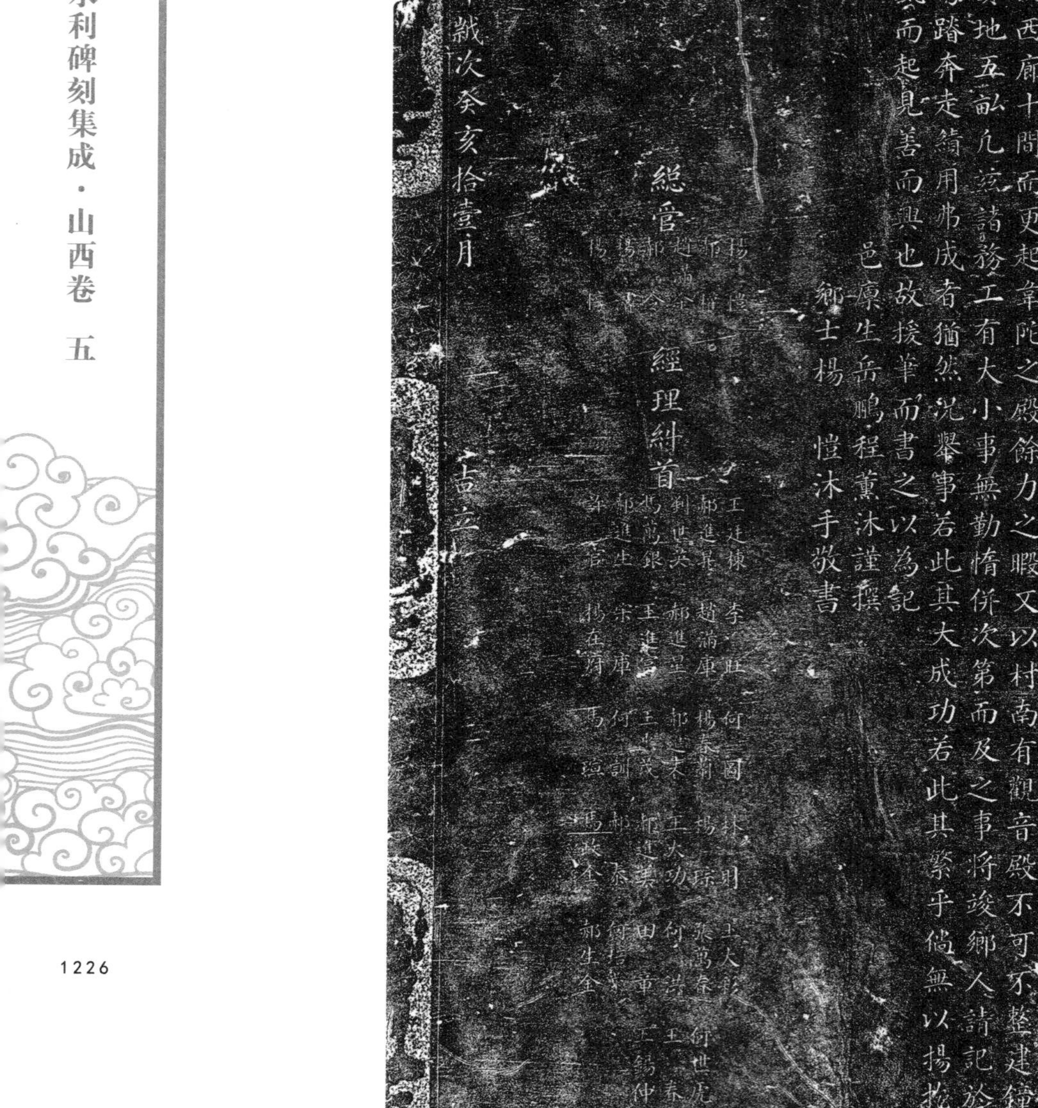

561. 重修龍王廟碑記

立石年代：清嘉慶八年（1803 年）
原石尺寸：高 210 厘米，寬 78.8 厘米
石存地點：太原市尖草坪區西流村龍王廟

〔碑額〕：垂裕後昆

重修龍王廟碑記

西流村西北有古迹龍王廟，蓋春秋祈報之所也。基址高峻，境界清幽，巍焕之觀，殆據一鄉之□□□□傳今兹，歷有可考。唯是隨時之修葺，踵事之增加，則不能無望於後人矣。乾隆五十三年……止，繼又續會一鉢，摇至嘉慶八年而止，計時有十六七年之久，積錢有一千五六之數，不取□□□時□用心專有若此者。爰是願力既足，厥工聿興，重修龍王正殿，兼理東西兩廊，廟東則建捲棚□□□□建菩薩院，西廊十間，而更起韋陀之殿。餘力之暇，又以村南有觀音殿，不可不整，建鐘樓、兩……公券，而買地五畝。凡兹諸務，工有大小，事無勤惰，併次第而及之。事將竣，鄉人請記於余。余思□□□□之爲而局踏奔走，續用弗成者猶然。况舉事若此，其大成功若此，其繁乎！倘無以揚□而表……後人聞風而起、見善而興也。故援筆而書之。以爲記。

邑廩生岳鵬程薰沐謹撰，鄉士楊愷沐手敬書。

總管：楊愷、郝權、趙滿金、郝令、楊濬、楊惇。

經理糾首：王廷棟、郝進昇、劉世英、馬萬銀、郝進生、許官、李旺、趙滿庫、郝進星、王進、富宋庫、楊在府、何圖、楊春蘭、郝進□、王忠茂、何訓、馬瑄、林財、楊琮、王大功、郝進美、郝泰、馬政全、王大彩、張萬春、何洪、田章、何培業、郝生金、何世虎、王春、王錫仲。

陰陽：□□□。玉工：□□□。磚匠：□□□。畫匠：□□□。木匠：□□。石匠：劉秀□。泥匠：白君□、劉志義、王祝。住持僧：來□。

大清嘉慶捌年歲次癸亥拾壹月，吉立。

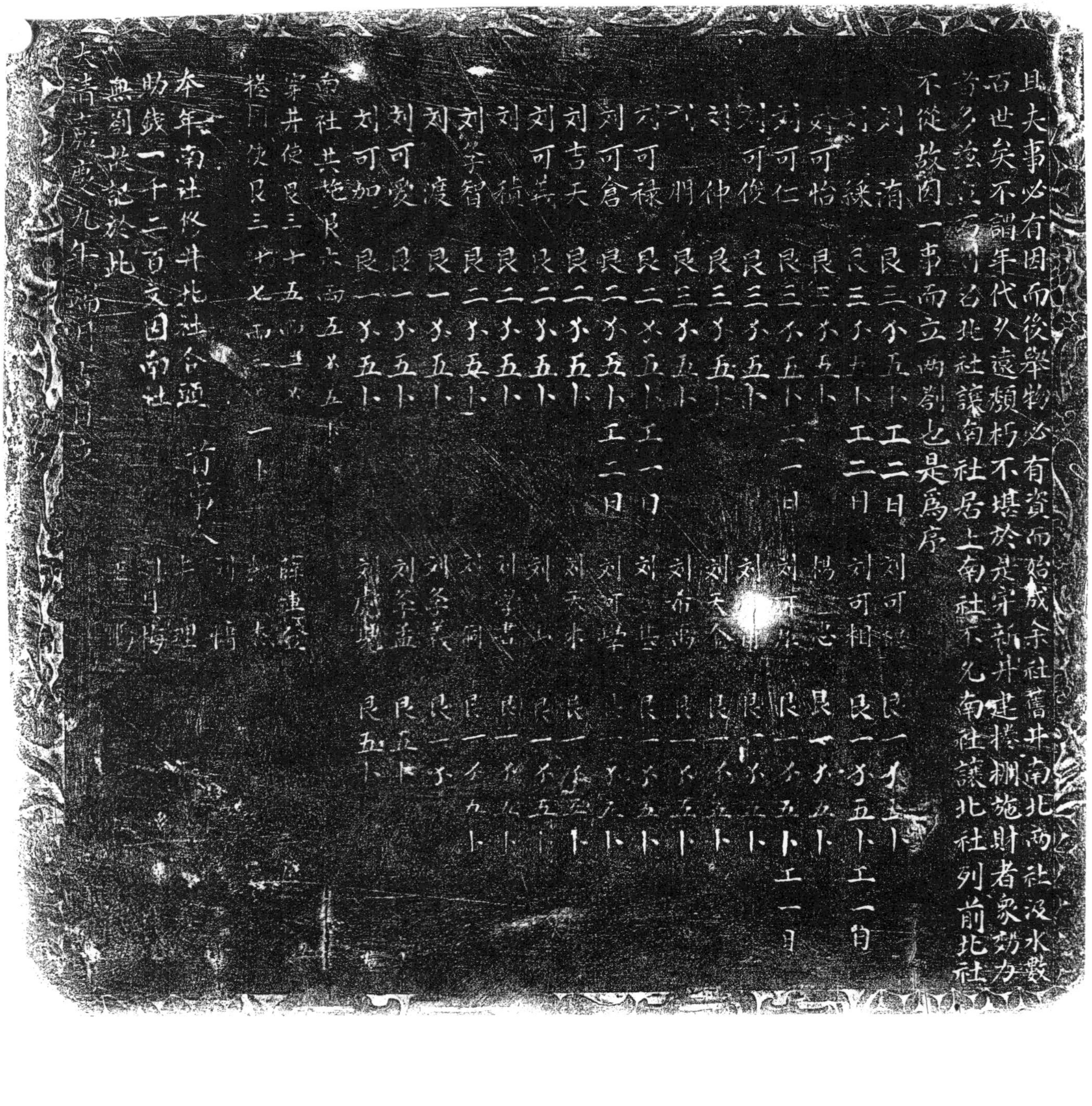

562. 穿井碑記

立石年代：清嘉慶九年（1804 年）
原石尺寸：高 53 厘米，寬 53 厘米
石存地點：運城市稷山縣化峪鎮南位村

且夫事必有因而後舉，物必有資而始成。余社舊井，南北兩社汲水數百世矣，不謂年代久遠，頹朽不堪，於是穿新井、建捲棚。施財者衆，效力者多。兹立石刻名，北社讓南社居上，南社不允；南社讓北社列前，北社不從。故因一事而立兩劄也。是爲序。

刘洧銀三錢五分、工二日，刘綵銀三錢五分、工二日，刘可怡銀三錢五分，刘可仁銀三錢五分、工一日，刘可俊銀三錢五分，刘仲銀三錢五分，刘朋銀三錢五分，刘可禄銀二錢五分、工一日，刘可倉銀二錢五分、工二日，刘吉天銀二錢五分，刘可義銀二錢五分，刘積銀二錢五分，刘學智銀二錢五分，刘渡銀一錢五分，刘可愛銀一錢五分，刘可加銀一錢五分，刘可□銀一錢五分，刘可相銀一錢五分、工一日，楊忠銀一錢五分，刘可庫銀一錢五分、工一日，刘□用銀一錢五分，刘天金銀一錢五分，刘希禹銀一錢五分，刘基銀一錢五分，刘可學銀一錢五分，刘天木銀一錢五分，刘山銀一錢五分，刘學書銀一錢五分，刘同銀一錢五分，刘學義銀一錢，刘學孟銀五分，刘虎□銀五分。

南社共施銀六兩五錢五分。穿井使銀三十五兩三錢，捲棚使銀三十七兩二錢一分。

本年南社修井，北社合頭助錢一千二百文，因南社無劄，故記於此。

首事人：薛惠發、彭杰、刘惜、牛理、刘月梅、王鵬。

大清嘉慶九年端月吉日立。

大清嘉慶九年端月吉日立

欽賜九品王廷舉撰

儒學生員刘占元書

563. 修觀音廟前井碑記

立石年代：清嘉慶九年（1804 年）
原石尺寸：高 54 厘米，寬 55 厘米
石存地點：運城市稷山縣化峪鎮南位村

嘗謂唐堯之時，鑿井而飲，有巢以□，構木而居，井泉棟宅之有也，由來舊矣。余社觀音廟前舊有水井一面，不知創於何代。自癸亥年間，土崩無已，難以重修，因而合社共議，舍舊開新。不意掘井九軔，忽有沙土一層。噫！此前井所壞之區也。於是磚圍丈餘，永定不朽。竭力數日，厥功告成。猗歟休哉！豈非神之靈而人之力哉！雖然念泉水之混混，固幸飲食之有賴者，風□之瀟瀟，尤覺漂摇之堪憐。因建捲棚一所，□包兩傍，豈爲悦耳目之，謂與仰爲□□之□目。由是民人欣然而得所，廟貌焕然而更新。睹斯功也，何莫非首事者之苦心，樂施者之□所由□哉。今立石刻名，以永垂不朽云爾。

欽賜九品王廷舉撰，儒學生員刘占元書。

今將施財人開列於後：

王廷舉銀二兩二錢五分、工十九日，刘月梅銀一兩八錢、工廿日，王鰲銀一兩八錢六分、工八日，王之卓銀一兩六錢、工五日，牛理銀一兩二錢五分、工二十日，何思濂銀一兩二錢五分、工十一日，彭杰銀一兩一錢五分、工九日，牛文用銀一兩一錢七分、工六日，何思□銀一兩一錢七分、工四日，賈若才銀一兩一錢、工五日，薛福銀一兩二分、工八日，牛守敬銀一兩二分、工二日，刘金斗銀九錢五分、工四日，□連登銀九錢五分、工九日，王俊銀九錢五分、工三日，王廷壽銀九錢、工四日，□廉銀八錢七分、工十二日，刘月昇銀八錢七分、工二日，刘月北銀八錢七分、工四日，王廷選銀八錢五分、工二日，彭全銀八錢五分、工四日，牛守仁銀八錢二分，薛仁銀八錢、工六日，牛守好銀八錢、工四日，刘化友銀八錢、工三日，何思喜銀七錢七分、工三日，王廷佐銀七錢二分、工七日，刘月彩銀七錢二分、工三日，刘月光銀七錢二分、工三日，何思勳銀七錢二分、工八日，牛守性銀六錢七分、工二日，薛居温銀六錢七分、工一日，彭化銀六錢四分、工一日，賈春銀六錢三分、工二日，刘月□銀五錢五分、工四日，薛喜□銀五錢二分、工三日，刘文元銀五錢二分、工一日，刘月平銀四錢五分、工一日，刘□銀四錢五分、工二日，牛守聖銀四錢五分、工二日，刘閏元銀四錢五分、工一日，刘金貴銀四錢二分、工一日，刘月□銀四錢二分、工一日，刘月白銀四錢、工一日，刘月□銀三錢九分、工四日，薛居□銀三錢二分，牛守□銀二錢五分，薛居倫銀一錢四分，刘□□銀一錢七分，刘□□銀一錢七分，刘□□銀七分。

以上□□使布帳官銀二十三兩，共布施銀四十二兩九錢六分。

彭登□銀一兩二分、工三日，牛廣魁銀一兩，牛□臣銀六錢五分、工五日，楊平安銀三錢二分。

大清嘉慶九年端月吉日立。

以垂永久

564. 斷明水利感恩碑

立石年代：清嘉慶九年（1804 年）
原石尺寸：高 115 厘米，寬 50 厘米
石存地點：運城市稷山縣博物館

〔碑額〕：以垂永久

特授直隸州州正堂加六級紀録九次記功十八次又記大功四次葉、特授稷山縣正堂加五級紀録十次記功八次又記大功六次李爲断明水利合村人等焚頂叩恩以垂永久碑記

余庄渠頭段青雲、李汝成等，與胡家庄相争程杜坡上水利一案，以反客作主，不由舊章，非禱賞提断，难甘心事等情，將胡家庄控州。蒙州主葉太老爺准批，仰稷山縣録案，并繪圖貼説，以憑核奪。余庄渠頭等遵批，□九月二十三日，復控縣主李太老爺准批，候復訊奪。九月二十六日，李太老爺神駕親勘，復驗水之根源，黄化峪口分爲四澗，名曰大澗、小澗、柏口澗、畝頭澗。所争之渠水發源于澗，名曰畝頭澗，水勢順流，澆灌程杜村、馬村、東段村三村之地畝。胡家庄捏東西官道，賴渠堂受奸狡之辱。李主將水勢驗明，諭令四村渠頭指段吊契，各獻憑據，到案候審。十月二十五日，李太老爺堂断：程杜村段端、段昂等献憑萬曆年間古誌、康熙五年均平水利碑摹。馬村、東段村献憑紅契，俱是猛水等色地名。程杜坡上胡家庄献憑契書，俱是下平等色地名。西嶺上四村渠頭各献所憑，李太老爺神目驗明，情由豁然，断得四澗口并無胡家庄名字，無憑無據，焉能沾餘水之利？即程杜村渠頭等供言，此渠名曰寺渠。馬村□程杜村段姓本京兆一祖，因年深久遠，分派兩村，此水有程杜之水，豈無馬村之水乎？断令程杜村、馬村、東段村三村有水分者，魚鱗澆灌，無水分者，不得强澆，上滿下流，先高後底。俱服公断，各有遵依存卷。嘉慶八年相訟，九年正月間，余庄渠頭等恐後年深日遠，奸悍滋端起禍。余將水利情由略述碑記，以垂永久云爾。

本村處士段成佐撰文并書。

程杜村渠頭：段端、段昂。東段村渠頭：張建德、張九。馬村渠頭：段青雲、李汝成。

大清嘉慶九年二月吉日立。

565. 重修成湯大殿關聖大殿碑記

立石年代：清嘉慶九年（1804 年）
原石尺寸：高 168 厘米，寬 66 厘米
石存地點：晋城市陽城縣次營鎮淘河村成湯廟

重修成湯大殿關聖大殿碑記

樂之作也，黄帝始。黄帝、堯、舜，垂衣裳而天下治，厥功懋哉。而後世除帝王廟外，春秋享祀以□□食……蒼梧獨存，舜塚降而禹平水土，萬世永賴，惟會稽龍門有禹廟。成湯遭大旱，其亢陽者□年□，□□□□□注，應處則在我陽邑之南，桑林之野，故吾陽祀湯帝者不可更撲敉。雖深山密林，居民鮮少，而衣食……春祈秋報靡不景仰乎？有商去邑四拾里，淘浴河建廟祀神，亦猗那是。奏世俗之樂，宛然《商頌》……臭味未成滌蕩其聲，樂三門然後出迎牲，然則己未季拾貳月三拾拆除上架。社長總領，衆發誠心，□□潤□□增而新之。于庚申年三月二十四日服上華梁東看楼外者五尺，共上下拾貳間，又換東南角戲楼連大門上下六間，改建東北角五瘟山神殿。其内在社育，捐輸姓氏不可以不記，故囑余以不律記於哉也。

本寺僧會同妙榮題孫玄德書。

本村信士梁門田氏同子梁安宅施東看楼後地基五尺。

懷邑河内縣寬平村同盛號施銀貳兩，梁廷科施瓦貳百個。

乾隆五十七年春季改换成湯大殿關聖大殿，總領社首：梁廷科、畢自立、梁廷欽、王日近。督工社首：梁滿强、趙永章、梁滿邦、張滿忠、梁滿號。錢粮社首：梁滿温、畢迎廷、衛國詩、梁滿山、梁安宅。共神分四十九分零十二畝，共收錢玖十千零六百五十二文，所有錢□短少使新。五尊神盤錢玖千玖百文，立碑使錢三千四百文。

總領社首：梁廷台、王從典、梁滿盈、畢孟。

玉工：毛焕學、郭金積。

時大清嘉慶玖年三月二十五日，同立石。

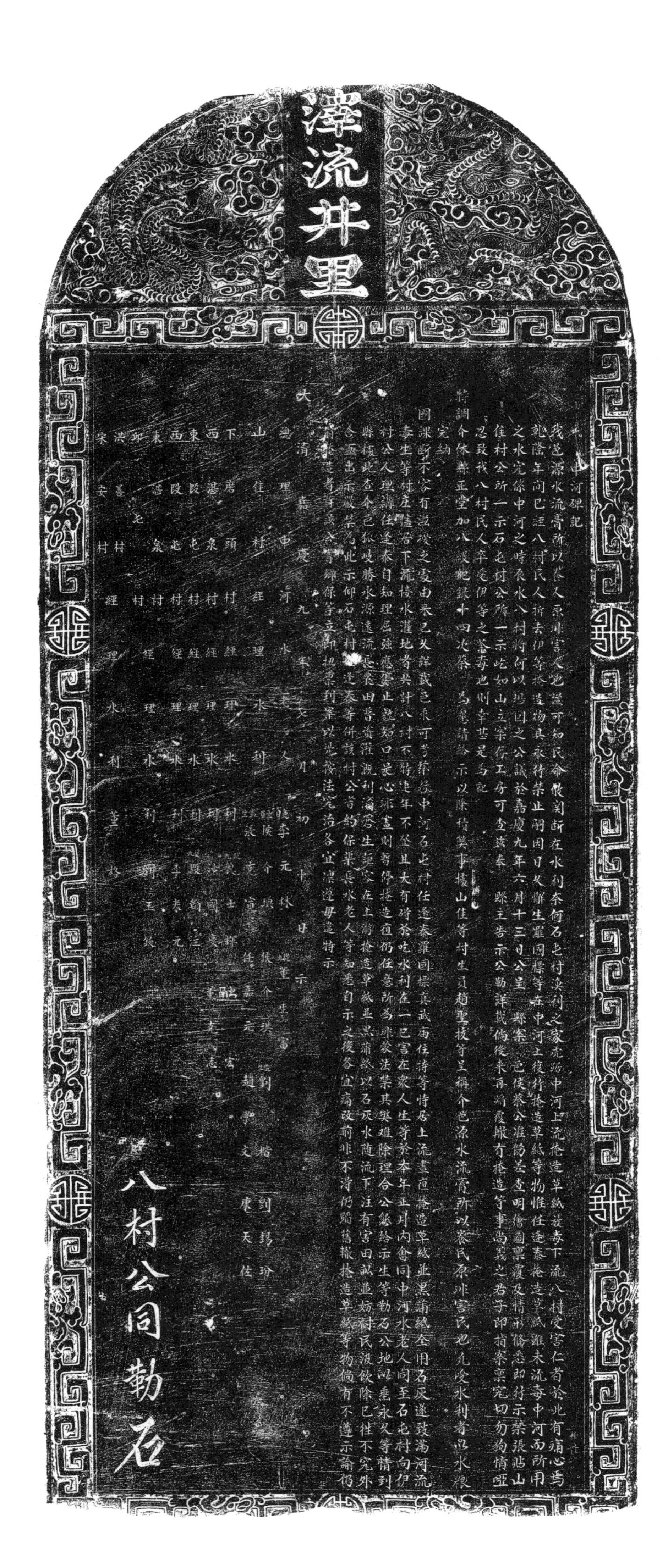
八村公同勒石

566. 中河碑記

立石年代：清嘉慶九年（1804年）
原石尺寸：高163厘米，寬63厘米
石存地點：晋中市介休市源神廟

〔碑額〕：澤流井里

中河碑記

我邑源水流膏，所以養人，原非害人也。從可知民命攸關，斷在水利。奈何石屯村漁利之家，虎踞中河上流，掩造草紙，放毒下流，八村受害，仁者於此有痛心焉。乾隆年間，已經八村民人拆去伊等掩造物具，永行禁止。嗣因日久懈生，羅國標等在中河上復行掩造草紙等物。惟任逢泰掩造草紙，雖未流毒中河，而所用之水究係中河之時辰水，八村將何以堪！因之公議，於嘉慶九年六月十三日公呈縣案。邑侯蔡公准飭差查明，繪圖稟覆。及情形備悉，即行示禁，張帖山佳村公所一示，石屯村公所一示，屹如山立，案存工房可查。玆奉縣主告示，公勒詳載，倘後來再蹈覆轍，有掩造等事，尚義之君子即指案稟究，切勿徇情啞忍，致我八村民人卒受伊等之荼毒也，則幸甚。是爲記。

特調介休縣正堂加八級紀録十四次蔡，爲懇請給示以除積弊事，據山佳等村生員趙聖拔等呈，稱介邑源水流膏，所以養民，原非害民也。凡受水利者，以水粮完納國課，断不容有滋擾之處由來已久，詳載邑乘可考。玆緣中河石屯村任逢泰、羅國標、真武庙住持等恃居上流，晝夜掩造草紙并黑蒲紙，全用石灰，遂致滿河流毒。生等村庄盡居下流，接水灌地者共計八村，不特連年不登，且大有礙於吃水，利在一己，害在衆人。生等於本年正月内會同中河水老人，同至石屯村向伊村公人理講，任逢泰自知理屈，强應停止。孰知口是心非，晝則暫停掩造，夜仍任意所爲。非蒙法禁，其弊难除，理合公懇給示。生等勒石公地，以垂永久等情到縣。據此，查介邑狐岐勝水源遠流長，農田普資灌溉，利濟蒼生，詎容在上游掩造草紙并黑蒲紙，以石灰水隨流下注，有害田畝，并妨村民汲飲！除以往不究外，合亟出示嚴禁。爲此示仰石屯村任逢泰等，併該村公耆、約保、渠長、水老人等知悉，自示之後，各宜痛改前非，不得仍蹈舊轍，掩造草紙等物。倘有不遵示論，仍前掩造者，許該公耆鄉保等立即扭稟到案，以憑按法究治。各宜凛遵毋違。特示。

總理中河水老人吏目李元林、從九董生富，山佳村經理水利生員侯介碘、侯介琪、監生劉楷、劉錫玢、監生張克寬、任嘉元、趙學文、康天佐，下磨頭村經理水利從九冀士輝、融宏，西湛泉村經理水利沙國慶、董克志，東段屯村經理水利從九段翰注，西段屯村經理水利李春元，東湛泉村邱屯村經理水利劉玉欽，洪善村宋安村經理水利董格。八村公同勒石。

大清嘉慶九年七月初十日示。

567. 創修脉匯橋碑記

立石年代：清嘉慶九年（1804年）
原石尺寸：高65厘米，寬90厘米
石存地點：晉城市陵川縣西河底鎮三泉村

創修脉匯橋碑記

北大廟外河口爲一村脉水所交會，冬春時涷□泥濘，涉履殊艱。首事父老公議，捐資起石，創修三孔橋。車與人馬皆可通行，民不病涉，萬年永賴，勒石垂後以昭功德。工既竣，囑余作小記以誌始末。因其地勢錫以嘉名，沿之曰脉匯橋。斯役也，經始於嘉慶七年之七月，告成於九年之七月，閲二年而遂成。可見好善樂施，人心踴躍，皆首事父老及衆施主之功德云。

例授修職佐郎候選儒學訓導馮思良拜撰文并書。

（捐輸姓名略而不録）

大清嘉慶九年歲次甲子七月中浣之吉三泉村合社公立。

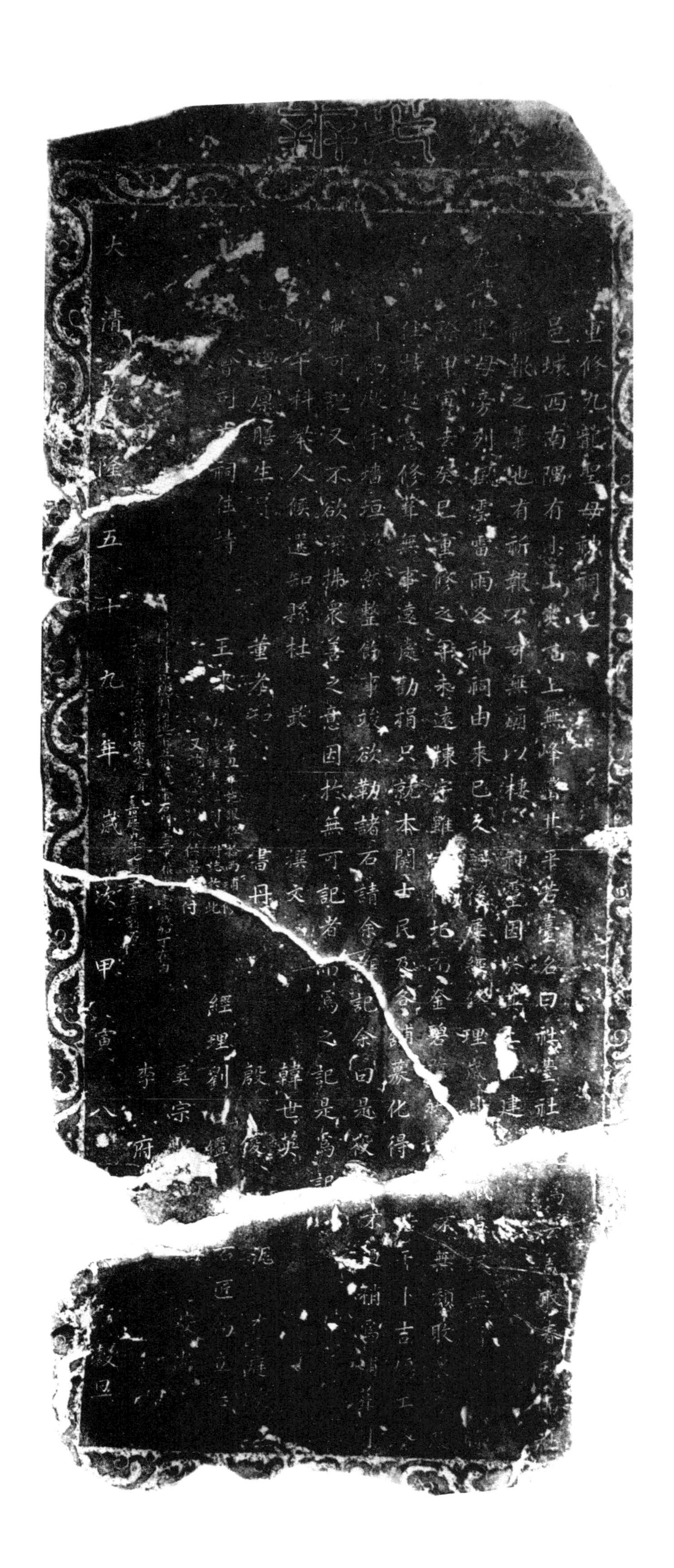

568. 重修九龍聖母神祠記

立石年代：清嘉慶九年（1804 年）
原石尺寸：高 153 厘米，寬 70 厘米
石存地點：大同市廣靈縣縣城南關社臺山

重修九龍聖母神祠記

邑城西南隅有小山突兀，上無峰岳，其平若臺，名曰“社臺”。社□爲云，蓋取春秋兩社祈報之義也。有祈報不可無廟以栖神靈，因於其上□建九龍聖母，旁列風、雲、雷、雨各神祠，由來已久。嗣後屢經修理，歲月□載貞珉，無庸□□□陰甲寅，去癸巳重修之年未遠。棟宇雖未傾圮，而金碧□然，□□不無頹敗。衆□□住持，起意修葺。無事遠處勸捐，只就本關士民及各鋪募化得□若干。卜吉鳩工，□月而殿宇墻垣焕然整飭。事竣欲勒諸石，請余作記。余曰：是役□不過稍爲補葺，固無可記。又不欲深拂衆善之意，因於無可記者而爲之記。是爲記。

甲午科舉人候選知縣杜晸撰文，儒學廩膳生員董孝和書丹。

道會司本祠住持王來成。

經理：韓世英、殷俊、劉鑒、奚宗聖、李府。

泥匠□庭□，石匠高立德，油匠安尚□。

大清乾隆五十九年歲次甲寅八月穀旦。

辛丑年施銀伍拾兩補修戲樓，未經刻石，附誌於此。又施黄漆油木供器壹付，□□□□施枕頭河地一十五畝，随帶石門里三甲糧銀壹錢，加丁在内，□□□□叁千五百文以作香火之資。

嘉慶九年七月二十三日刻石。

萬善

569-1. 龍王三元聖母重修碑記（碑陽）

立石年代：清嘉慶十一年（1806 年）
原石尺寸：高 146 厘米，寬 61 厘米
石存地點：朔州市平魯區下面高鄉上街村廟

〔碑額〕：萬善

重修碑記

□謂廟也者，栖神之所也。聖神之金像是依，鄉人之□狀猶□，此固祀典所關焉。前人作之，後人不起而修理之，不僅前功湮没無傳，而□神何以得其祈哉。朔郡城□下□高村，□有龍王三元聖母宮殿三間，創自大明，不知何帝之時。□香亭考之，乃正德十二□也。□年深，不無殘缺之廢，日久自有風雨之損，剥落□圮甚，不可以栖神靈、妥神明也。所以去年享祀之餘，□□□不領者，神意其有在於斯也耶！鄉士跪祝而敬承之，况三廟之神，神之最靈者也，賜福解厄救危，三官之權何重？而且□育□兒，□母之恩何普也？□雨□生，龍神之澤何大也？此豈一鄉、一邑賴之哉！固合天下而罔不被其澤者也。於□□士人等公議重修，或出□□，或提公□，共湊六百餘金焉。維廟前有水溝，基址不能仍舊，後座十丈餘。慷慨而樂施木植，概□其新，搬運遠□而克勤厥事。於□請工人建造，正其方位，厥位面陽，厥材孔良。殿堂門廡舉以法，東西兩楹對以待。而且址隅建一小室，以栖浮屠，東角營鐘樓，以懸法器，以及樂樓二間。□□主勤晨夜展力，不迨期而告厥成□，而□雲刻鏤，黝堊丹漆，罔不咸與維新焉。今當落成之日，將捐資芳名銘之於石，以誌不朽云！

朔州增生杜蘅撰文，庠生殷凝基書丹。

庠生孟師文施捨坐正殿地丈一塊，長一丈餘，闊七丈六尺。

國學殷建基捐錢叁萬文，庠生孟焕、國學希文捐錢貳萬捌千，庠生孟法文捐錢貳萬貳千文，庠生孟璿捐錢貳萬文，□贇捐錢一萬七千四百文，增生殷創基，男岱捐錢壹萬叁千文，孟宗聖捐錢壹萬貳千八百文，孟正枝捐錢一萬一千文，□永倬捐錢壹萬零八百文，廩生殷德駿捐錢壹萬零六百文，□永正捐錢壹萬零三百文，國學孟杰、貢生郝阜超各捐錢壹萬，庠生殷凝基，男昭□順當各捐錢捌千文，耿愛捐錢六千八百文，强藩捐錢六千貳百文，天盛號荆潧各捐錢六千文，萬興當、聚源魁、興順永、賈成財各捐錢伍千文，源泉永、義合興、高□通、孟懷仕各捐錢四千文，荆生安捐錢三幹五百文，興泰恒、億盛公、荆淵、樊沂、孟潤、郭成元各捐錢叁千文，黑□雲捐錢貳千七百文，王尚文、荆漳各捐錢貳千六百文，賈綉、白尚彩各捐錢貳千五百文，郭維城、郭富財各捐錢貳千四百文，牛元亨捐錢貳千三百文，殷耀、庠生賈綬各捐錢貳千二百文，劉法文捐錢貳千一百文，大成義、隆盛昌、永興長、□□本、□□祥、□□通、樊廷春、賈儒林、蘇海、殷愉、賀發各捐錢貳千文，蘇自發捐錢壹千七百文，牛元達、孟正超各捐錢□千文……殷復基、天順合、池順海、孫進通、孫進□、林朝元、賈信寬各捐錢壹千五百文，殷德光、張尹氏各捐錢壹千四百文，□□□、郭繼永各捐錢壹千三百文，太寶捐錢壹千二百文，李昌裕捐錢壹千一百文，盧家□□□、陳效孔、梁……國學李伸。尖山村：庠生王道源、王老□，增生閆富文，庠生韓崇、韓□□、孟煜、杜熊□、和順公，四合興劉鄆、殷杰、馬伸、賈士□、□公□、□□□，賈萬富、賈克敏、蔚緯、蔚綿、孟志堯、周□、張大發、□皚各捐錢一千文，戎志文、安□寶各捐錢九百文。

同歸

569-2. 龍王三元聖母重修碑記（碑陰）

立石年代：清嘉慶十一年（1806年）
原石尺寸：高146厘米，寬61厘米
石存地點：朔州市平魯區下面高鄉上街村廟

〔碑額〕：同歸

萬和元、朔郡、孫榮富、孟志聖、苗□、郭興科、牛南氏、賈懋仁、孟沛、李連撰、王亮，各捐錢捌百文。太成、安日成、尚榮金、白萬金、牛明、太貴、宣挺、孟璜，各捐錢七百文。孟玥、孟有、郎秉良、尹吉、王獻寶、董有福，各捐錢六百文。□□□、□□、殷光、王信、祁廷梅、劉福、孟嘉茹、杜連、王元、何繼有、張成璧、鄭榮、吉天仁、康天祥、胡必達……蔚吉榮、羅治基、賈蘇保、李崇山、賈懋信、劉發、神西、錢輝、劉珠羔、王發、賈儒伸、賈□榮、劉登德、□□□、李□、□□、白獻章、陳敦高、郭岐山、□全德、梁禮、翟榮、王□、曹全、王銀、張全、張耀、李玉、王秀、各□□□□□。林……賈士□、門建甯、潘玉貴、任烈、□□、□□、各捐錢四百文。□生殷德潛、張孝、武六虎、胡成、張貴、牛成發、吉天□、□□、王□、賈萬貴、何繼德、劉發財、薛世安、周宗□、□全聖、王義、靳尚義、程利年、武順、牛椿、張枝榮、李天元、吉萬□、□□、朱發榮、張旭照、周保成、□□□、郭繼德、李□禄、賈宜、胡通順、萬盛合、郭玉、陸可□　□登庸，各捐錢三百文……李源遠、蘇文海、賈萬財、丁福□、王存□、薛大興、□倉、三合肉鋪趙隆、王行、吉天宜、□俊礼、□□元……王聚財、王正財、閻銀□、□□，各捐錢二百文。□□氏、王孟氏各捐金□百張。荊薛氏、張□氏，各捐金□十張……郭太極捐錢叁千壹百文，和義□捐錢壹千五百文，□□□捐錢壹千文，賈成捐錢八百文，□孟氏□□一百張，□□氏捐金□十張，孟林氏捐金壹百張，孟□氏捐金七十張，□建業捐錢二百文，秦廷佑施□二□，句興旺捐錢柒千文……孟炎之妻梁氏，媳節孝李氏，孫庠生□□戎氏，□□□仁捐金錢壹千文，□生□焕之妻王氏捐金錢五百文，□□之妻孟氏……共捐錢□百捌拾伍千壹百貳拾文，□英捐錢壹百貳拾貳千文，買木植并□木植脚價共用錢壹百三十五千□九十五文，買□釘鐵器共用錢六千肆百七十四文，買磚瓦脊獸共用錢七萬貳千一百五十四文，買泥基共用錢壹萬壹仟三佰七拾五文，木匠工資共用錢叁萬七仟七佰四十二文，泥匠工資共用錢叁萬零八百二十文，塑畫匠工資喜紅共用錢叁萬九千六百二十文，買真金紙油□□紅白土膠麻共用錢壹萬七千八百二十八文，買碑身開字石條柱底磨□□□共用錢壹萬伍千五百三十六文，買石灰共用錢壹萬貳仟六百七十五文，駝磚瓦石□錢叁萬六千五百三十五文，小工之工資共用錢□萬壹千五百七十二文，火食雜項共用錢壹百壹萬零三十七文，孟涣捐錢五百文。

經理人：廪生殷德俊、庠生孟杰、萬興當、增生殷創基、庠生殷凝基、孟正枝、□馥、庠生孟璿、孟宗聖、强永正、賈成才。

木匠：孫進□。石匠：郭恒□。泥匠：池順海。塑畫匠：句興旺。

大清嘉慶十一季季夏穀旦立。

570. 重飾東大殿記

立石年代：清嘉慶十一年（1806 年）
原石尺寸：高 40 厘米，寬 80 厘米
石存地點：晋城市澤州縣周村鎮東岳廟

重飾東大殿記

本鎮大廟正殿，舊有增福財神暨龍王尊神，由來久矣。自康熙壬戌年補葺後，迄今歷有年所。居民卜年祈福，雖典祀不乏，而年深日久，節稅凋殘，法像無光，於是駿奔其間者，靡不目擊而心傷。歲嘉慶甲子乙丑連遭旱魃，饑饉屢值，本鎮居民禱雨不止一次，終莫應焉。然遭旱固歲序之常，而行禱亦燮理之術，禱之應與不應，惟在人心之誠□□誠。又來年丙寅夏六月不雨。本鎮東方社首齋沐虔禱，誠心守壇，晨昏焚香。未三日，果靈雨沛然，四野沾足，雖不能起夏禾於再造，猶得卜秋實於西成。因捐資倡□，重爲補飾，不数日而煥然一新。法像莊嚴，輪奂美麗，庶幾神和人悦，保障一方，豈非感格之不爽也哉？是爲記。

丹青：李□孔。玉工：郭甫智。

時大清嘉慶歲次丙寅十一月初一日，東大社敬刻。

571. 闔村渠水碑記序

立石年代：清嘉慶十一年（1806 年）
原石尺寸：高 142 厘米，寬 56 厘米
石存地點：運城市夏縣司馬光墓文管所

〔碑額〕：皇清

闔村渠水碑記序

聞之天一生水，地六成之，水固天設地造，可公而不可私者也。以故余村與南北兩村，東有條山石底溝發出清流一脉，三村均得沾潤。誠以在南者則属南晋地畝，在北者則属北晋地畝，最西則余村地畝在焉。自春及秋，爲南北共灌之日，至冬一季，爲余村獨灌之期。按季均分，共沾波惠，落落者亘古爲然，且余村渠路兩修，尤覺凛然有據矣。當永樂年間，余村人心踴躍，咸謂下渠最卑，不能盡潤地畝，因買北晋平地一十八畝，隨粮一石四斗四升，以作又開上渠之計。此上渠之南北皆北晋地畝所由來，與越□□□。時值嘉靖，世風日偷，人心不古，北晋因□在伊地已有成規之不遵者。幸有余村高祖諱燃，上稟畢道□□，仍照舊例訊明，載在碑記。庶□□□或虞不至有屢變之憂也。已可意。康熙二十九年北晋忽有异説，余村曾祖諱鵬程，又稟署任魯台案下，□□□明著爲特示，余村謹執益見，□□□昭昭在人耳目間也。數傳至嘉慶九年，未聞北晋復有他説，而南晋忽生别見。因余村古碑已失，欲開新渠，北晋不依，彼此互控告爲盗，□□□□□故也。因而余村公舉□□□玉瓚，又舉族叔諱志遂、文德等亦皆陳情縣台案下，閲示訊明，断令余村照前引水，即上渠間有創塌，亦□□理。北晋人等意□不□上控州憲案下，委員親驗，仍照前断，并立硃筆判案，伊村尚有何説之辭。及余村擇日修□，北晋率領多人致……有不倍覺傷心者，豈情也哉。於是上控撫台同大老爺案下，速委虞鄉譚台并□會審，正□訊定……地原□□□□□其要言不惟冬季之水，盡歸余村獨用，即山水横發，伊兩村亦不得□阻。諭令存房，不且□萬世之定例與。噫！……且使不有以□之則□委無由洞悉斯渠水，因以爲失，安知世遠年湮，不使前人之辛苦後人一旦而無之也哉。是爲序。

本村邑庠生員越□張一儒撰文。儒童輔□張四友書丹。監生益□張三樂篆額。

闔鄉經理首人張素、張王珩、張志興、張德行、張學曾、張曰□、張克强、張二難、張梅、張常壽、張克仁、張彩龍同立。

鐵筆李常榮鎸。

嘉慶十一年歲次丙寅仲冬上浣之吉。

享水之利必報水之功吾鄉
龍王廟於村西渠北之高崖前以為
報也每年於六月初六日合渠祭
祀而地基湫隘難以安神而成礼
因於渠成之後嘉慶十年春重加
修理庶幾神人悉洽而降福無
涯也已
管總段繼善 石金音 段法祖
渠長石明元 段興祖 段自惠 田繼□
段述祖 石明晉 段自祥
甲頭段宏祖 段繼冲 石金龍 段緒盛
田金益 石建棟 段自惠 段廷林
李金芳 趙廷科 郃有福
嘉慶十一年十二月吉日滿民□□

572. 龍王廟磚窑碑記

立石年代：清嘉慶十一年（1806 年）
原石尺寸：高 42 厘米，寬 53 厘米
石存地點：臨汾市洪洞縣萬安鎮上舍村西龍王廟

龍王廟磚窑碑記

享水之利，必報水之功。吾鄉建龍王廟於村西渠北之高崖，所以爲報也。每年於六月初六日合渠祭祀，而地基湫隘，難以妥神而成礼。因於渠成之後，嘉慶十年春重加修理，庶幾神人悉洽而降福無涯也已。

管總：段繼善、石金音、段法祖。

渠長：石明元、段興祖、段自惠、田繼□、段述祖、石明晋、段自祥。

甲頭：段宏祖、段繼冲、石金龍、段緒盛、田金益、石廷楝、段自惠、段玉林、李金芳、趙連科、郇有福。

嘉慶十一年十二月吉日淤民渠立。

573-1. 王化莊移修龍王廟碑記（碑陽）

立石年代：清嘉慶十二年（1807 年）
原石尺寸：高 120 厘米，寬 64 厘米
石存地點：朔州市朔城區南榆林鄉王化莊村學校

〔碑額〕：移修

計開：

龍神享祀於兹邑也，随感即應，澤庇生民，固已多歷年所矣。始而經前人之糾理，創基於東村，□□巍然，非不足以妥神，奈人□寧属？神居朔地，則人心弗悅，天意未必盡合矣。迨……理数人，議欲舍舊從新，乃人心方舉，神已先移，於是随神所願，復建修於寧地。第功程□大，一舉難備，故延数年。迄今一□金壁輝煌，殿宇巍峨，神靈庶可賴以妥焉。但恐無迹可徵，□□□之心苦徒劳，後人之作□難繼，是以刻碑注石，永垂百世。俾後之觀者，得以稽其由來，而□□□焉耳。

磨□村撰書人：曹英。書寫人：王士安。

共宗布施錢壹百零捌千陆百三十文。丁国伐施錢三百文，程爲禄施錢二百文，張懷德施錢一百文，趙□施錢一百文，韓□施錢一百文。

糾理人：白相、張爾英、胡義、白滿珍、李德、李梅、丁國萬、沈培禎、藍向雨、程□、白富倉、李皆、鄭宏、藍生貴。

匠人：石匠李天賜；木匠高登；泥匠史富施錢五百文；画匠李永杰、李春芳二人施錢三百文。

住持：李源。

大清嘉慶拾貳年伍月初一日立。

碑記

573-2. 王化莊移修龍王廟碑記（碑陰）

立石年代：清嘉慶十二年（1807 年）

原石尺寸：高 120 厘米，寬 64 厘米

石存地點：朔州市朔城區南榆林鄉王化莊村學校

〔碑額〕：碑記

白相施者聖地一畝錢捌千文，張爾英施錢捌千四百文，鄭宏施錢陆千捌百文，藍向雨施錢肆千捌百文，李德施錢肆千捌百文，藍向云施錢肆千貳百文，白富蒼施錢叁千捌百文，王士安施錢叁千捌百文，高世英施錢貳千伍百文，王□施錢貳千陆百文，白滿蒼施錢貳千四百文，李添□施錢貳千四百文，沈培禎施錢貳千叁百文，常富施錢貳千貳百文，秦玉施錢貳千貳百文，白滿珍施錢貳千一百文，丁國萬施錢壹千七百文，程爲到施錢壹千捌百文，李皆施錢壹千七百文，程□云施錢壹千伍百文，姚云施錢壹千四百文，王全施錢壹千四百文，莊領施錢壹千叁百文，姚天德施錢壹千叁百文，黄開元施錢壹千叁百文，藍生富施錢壹千貳百文，沈培茉施錢壹千一百文，程順施錢壹千一百文，張合施錢壹千一百文，楊達德施壹千文，藍生貴施壹千文，鄭天福施壹千文，秦禄施壹千文，□天才施錢壹千一百文，任廣施錢玖百文，張成業施玖百文，姚天寶施捌百四十文，王士余施錢捌百文，姚天福施錢捌百文，趙丕元施錢捌百文，杜王坐施錢捌百文，王文魁施錢柒百文，胡儀施錢柒百文，沈福貴施錢七百文，胡永忠施錢七百文，趙宰施錢七百文，王宏□施錢七百文，李梅施錢六百文，王芝富施錢□□□，杜□君施錢□□□，李富才施錢□□□，程懷有施錢□□□，黄問時施錢五百文，李通施錢五百文，藍來存施錢四百文，白亮施錢四百文，丁國科施錢四百文，程爲義施錢四百文，程□宗施錢四百文，張元施錢四百文，□天禄施錢□□□，姚天銀施錢□□□文，杜義施錢三百七十文，張□其施錢三百文，王海施錢三百文，秦亦香施錢三百文，□□太施錢三百文，姚清施錢三百文，宗富施錢二百四十文，王貴施錢貳百文，李謨施錢貳百文，杭天金施錢二百文，宣天銀施錢貳百文，王天學施錢一百八十文，班挂施錢一百六十文，白文吉施錢一百四十文，周三施錢二百四十文，□明施錢一百四十文，王士昇施錢一百廿文，鮮成□施錢一百文。

脩道碑記

村之來岡由震降落南北二水夾行北曰後溝南曰天河後溝拱[illegible]素稱[illegible]瀾天河來勢陡[illegible]瀉奔流
適當開西鎮平人烟輻輳之處先輩於廬舍數百武東累石成堤[illegible]南斯不為患又村東舊[illegible]雖以社
辰方巽位之黙村中魁星樓及社香火於焉托庇村西沿河砌路[illegible]西往來車轍馬跡之必[illegible]轉之處
橋並東水周築垣墉為一村迎風而[illegible]氣中間[illegible]小起石閣又最近一關鎖也他若[illegible]閣帝[illegible]過門乃
龍岡分勢之乾流小澗而接村之中乙丑夏[illegible][illegible]接邊宵[illegible][illegible]漲堤不能支平地溝深數尺[illegible]勢西
下磚雉遂接魁樓幾傾盧居[illegible]列不可勝數[illegible]西大路及龍王廟石閣[illegible]閣帝廟過門一望皆成漫[illegible]共
近橋圍垣相隨頽塌又直意中事耳香[illegible][illegible]然起意募化焉工相其勢急而工易奇先之村西大路首先發
動而石堤舊址與十字樓西橋[illegible]垣[illegible][illegible]過門以次興築[illegible]稻填溝務為堅久其[illegible]龍王廟石閣迄村東
雉雉相繼補造未周歲工悉告竣事雖[illegible][illegible]實[illegible]村一大功果也爰撮舉以誌之

抜貢生候補教諭王廷薰撰

恩貢生候銓教諭申國佐書

[illegible]異日塌毀不與地主相干

楊進忠施桃池地基一塊長八丈寬八[illegible]

秦鶴齡施西河口道長七丈五尺寬[illegible]

監生秦統玄施脩塔地基壹塊長[illegible]

監生秦步雲施西河口道長七丈寬二八

生員申耀[illegible] 張天極 王太馳

耆賓張學聖 宗魁元 常[illegible]

督工紀首

監生秦元寀 監生申作明

買辦人 附貢張君瑚 監生秦步雲 監生張秉直

推布施人 張達遠 楊進忠 張錫嘏 石國仁 任世[illegible]

監工人 監生申作新 吏員秦良柱 恩貢秦自超 監生石際成 介賓張尊敏 秦始智 介賓[illegible]世泰 監生申曰壽 監[illegible]祥 監生秦拒吉

香老 監[illegible]

大清嘉慶十三年八月中秋節

574. 修道碑記

立石年代：清嘉慶十三年（1808年）
原石尺寸：高177厘米，寬81厘米
石存地點：晋中市靈石縣静升鎮旌介村

修道碑記

村之來岡，由震降落，南北二水夾行，北曰後溝，南曰天河。後溝拱□□□，素稱安瀾。天河來勢陡猛，直瀉奔流，適當開面鋪平、人烟輻輳之處。先輩於廬舍数百武東，累石成堤，□□而南，斯不爲患。又村東舊□□錐，以杜辰方嚴壑之煞，村中魁星楼文社香火於焉托庇。村西沿河砌路，爲東西往來車轍馬迹之必經之路轉之處。橋梁束水，周築垣墉，爲一村迴風而返氣。中間龍王廟小起石澗，又最近一關鎖也。他若關帝廟過門，乃龍岡分劈之乾流小澗而據村之中。乙丑夏，瀑□□盆，接連宵晝，□□暴漲，堤不能支。平地溝深数尺，□勢而下，磚錐遂拔，魁楼幾傾，廬居□刷，不可勝数。□西大路及龍王廟石閘、關帝廟過門，一望皆成漫漶，其近橋圍垣，相隨頽塌，又直意中事耳。香□□□然起意募化鳩工，相其勢急而工易者先之，村西大路首先發軔，而石堤舊址與十字楼西橋圍垣，□□□過門以次興築，塞陷填溝，務爲堅久。其龍王廟石閘，迄村東磚錐，相繼補造。未周歲工悉告竣。事雖□□□，實余村一大功果也。爰撮舉以誌之。

辛□拔貢生候補教諭王廷薰撰，□□恩貢生候銓教諭申國佐書。

監生秦統六施修塔地基壹塊，長一丈，寬□丈，□日塌毁，不與地主相干。監生秦步雲施西河口道，長七丈，寬二尺。楊進忠施桃池地基一塊，長八尺，寬八尺。秦鶴齡施西河口道，長七丈五尺，寬□□。

督工糾首：耆賓張學聖、宋魁元，監生秦元宰，監生申作明。管帳：生員申耀南、張天極、王太融。買辦人：附貢張君瑚、監生秦步雲、監生張秉直。

摧布施人：張達遠、楊進忠、張錫嘏、石國仁、任世萬。

監工人：監生申作新、恩耆秦自超、介賓張尊敏、介□□世泰、監□□寶□、吏員秦良柱、監生石際成、秦始智、監生申曰壽、監生秦巨吉、香老……

大清嘉慶十三年八月中秋節。

575. 重修龍王廟樂樓序

立石年代：清嘉慶十四年（1809 年）
原石尺寸：高 127 厘米，寬 51 厘米
石存地點：運城市夏縣廟前鎮史家村

〔碑額〕：重修樂楼　日　月

重修龍王廟樂楼序

粤稽紫雲得聆譜傳梨園，後之人彷其節奏，假以形容而戲以昉焉。□之霓裳羽衣用此悦耳目，合則□爍，報賽庶之事，神明夫既□以□，□□□□□歌舞之□渺，其規模非特無以壯觀瞻，且并無以容□□，此樂楼建而高大之所由□也。龍王廟□有樂楼奏場，□小棟□低塌，管社者久存改□更張之心，而因仍□□年荒歉爲之也。今歲鄉衆勃然興修廢舉墜之念，奮然效子來□□之助也，乃□其□也，而於楼外東西南之□□□移而爲彩場之基址向之□矣，□者□寬廓然大矣，楼中玉柱亭亭，巍然陡起，疇昔之低塌棟宇……矣。□□□始於春初，告竣於秋季，共費銀一佰三拾兩有奇。鳥革飛翬，應有燕雀之賀，美輪美奐，豈無頌禱之辭。今而後歌舞□而神格思□□□□□若一□之□□不□也，□□曰龍王、河伯也神也，豈以人事之經營而顧偏施□澤乎。然昔梁□帝時靈光法師講經於金陵雨花臺，天帝爲之雨……一新，管弦迭奏，人以是□□□□因是庇乎。今五日風而六日雨，亦情理之容，或有□欤。

邑庠生員□郊衛之楨撰文，國學監生文筆李秀峰書丹。

經理人李實録、楊福才、李大京、崔天業、李玉英、李玉書、崔志喜、鄉約李安荣、監生李英華、李實安同立。

大清嘉慶十四年歲次己巳三月初旬之吉。

576. 施財碑記

立石年代：清嘉慶十四年（1809 年）
原石尺寸：高 44 厘米，寬 53 厘米
石存地點：吕梁市孝義市杜村鄉白居莊村龍王廟

蓋聞施捨之事自古有之，前者善男信女累有行之者，難以盡舉。後自七年，有寧邑張姓施銀若干，有勒石可驗，数年來其事不聞。乃有北杜王信士張正富虔心祈神，誠意施財，願將典到白居莊薛姓王塌窊地七畝價□□乙拾陸兩，施於本村龍王庙，付住持僧心明經營，以便香火之費。以後此地仍□□姓，向住持照原契回□。地中粮草亦着住持辦理，永不與張姓相干。因勒石刻銘，以被後之覽者或有感觸云尔。

陕西绥郡業儒王如玉□并書。

施財人：北杜王張正富。刊石工人高師俊，弟師伋。住持僧人心明，門徒元□。

嘉慶十四年五月二十二日立。

577-1. 鍬夫碑記（碑陽）

立石年代：清嘉慶十四年（1809 年）
原石尺寸：高 128 厘米，寬 57 厘米
石存地點：晋中市太谷縣水秀鎮北六門村關帝廟

〔碑額〕：鍬夫碑記

奉官示諭：

照舊日原議，除渠頭甲不算，實計上渠净上河鍬夫壹百零捌名，下渠净上河鍬夫陸拾叁名。逢上河點名，如失誤，點名一名不到者，照舊規罰酒半甬，公用。若数日不至者，則非失誤，明係逃躲，尊官示諭究治。

直年社首劉明礩、喬發樗、白懷喜、劉雲德經立。

嘉慶十四年九月十九日。

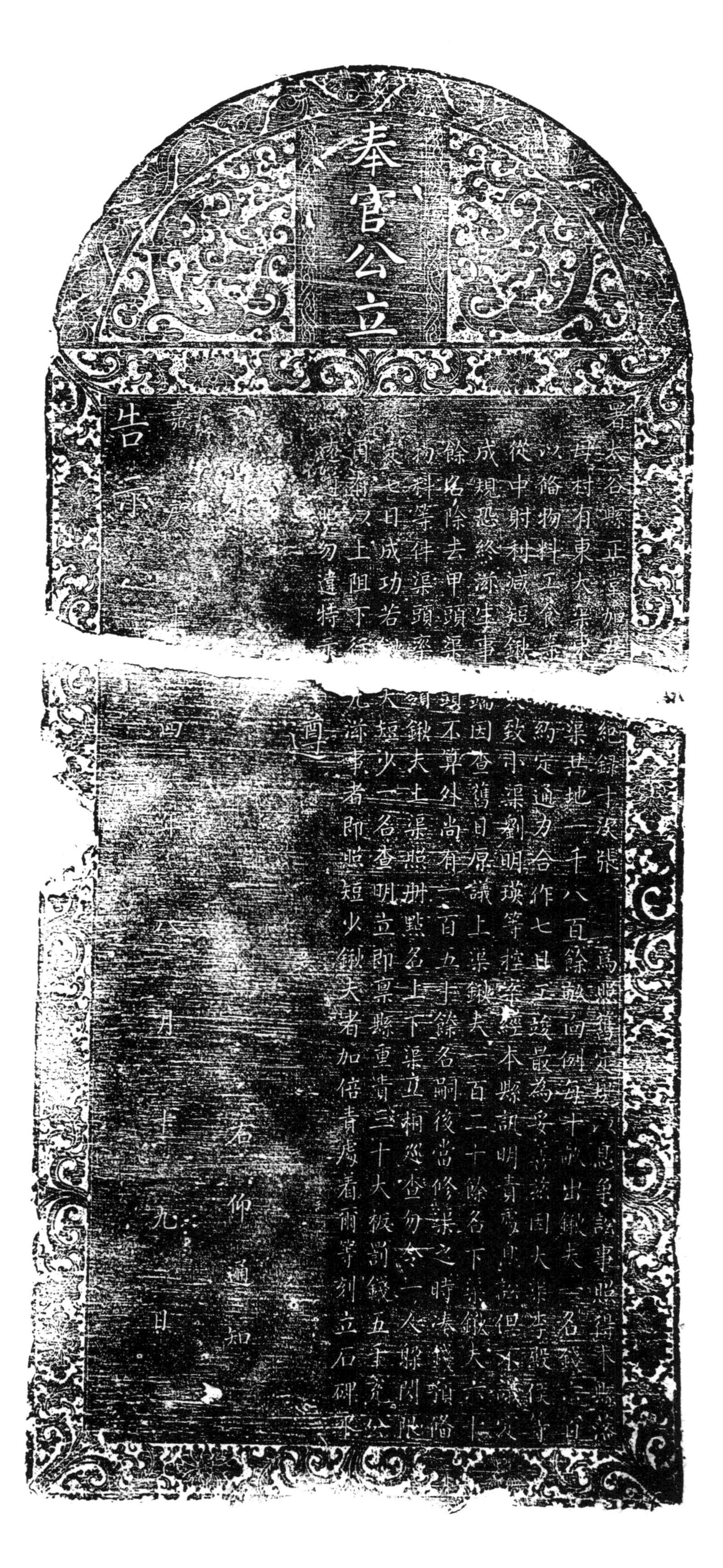
奉官公立
告示

577-2. 鍬夫碑記（碑陰）

立石年代：清嘉慶十四年（1809 年）
原石尺寸：高 128 厘米，寬 57 厘米
石存地點：晋中市太谷縣水秀鎮北六門村關帝廟

〔碑額〕：奉官公立

署太谷縣正堂加五□紀録十次張，爲照舊定規以息争訟事。照得本縣落母村有東大渠，東□渠共地一千八百餘畝，向例每十畝出鍬夫一名，錢六百，以備物料、工食等□。約定通力合作，七日工竣，最爲妥善。兹因大渠李殿侯等從中射利，減短鍬夫，致小渠劉明瑛等控案。經本縣訊明，責處息訟。但不議定成規，恐終滋生事端。因查舊日原議上渠鍬夫一百二十餘名，下渠鍬夫六十餘名，除去甲頭渠頭不算外，尚有一百五十餘名。嗣后，當修渠之時，凑錢預備物料等件，渠頭率領鍬夫上渠，照册點名。上下渠立相巡查，勿令一人躲閃，限定七日成功。若鍬夫短少一名，查明立即禀縣，重責三十大板，罰錢五千充公。再有以上阻下，行凡滋事者，即照短少鍬夫者加倍責處。着爾等刻立石碑，永遠遵照勿違。特示。遵右仰通知。

告示。

嘉慶十四年八月十九日。

578. 雨雹碑刻

立石年代：清嘉慶十五年（1810 年）
原石尺寸：高 15 厘米，寬 31 厘米
石存地點：運城市芮城縣陌南鎮朱吕村

嘉慶十五年四月初六日夜亥分，大雨雹，大如鷄卵，木葉一空，大□麦禾，大居者□□無数。

579. 新修文昌奎星財神河神廟碑記

立石年代：清嘉慶十五年（1810年）
原石尺寸：高194厘米，寬76厘米
石存地點：晋中市壽陽縣朝陽鎮大東墻村

〔碑額〕：用垂永久

新修文昌奎星財神河神廟碑記

且人之所以求神者，惟富貴爲最急。而神之所以福人者，亦惟富貴爲最大。然未盡可富可貴之道，而徒以是望之神，妄矣。即□□□富可貴之道，而不以是聽之神亦慢矣。蓋富貴之享者人也，而富貴之司者神也。誠使於所以富，所以貴之由，知之有人，致之有□，而復蔭之有神，則天人相感，理數可憑，而司富司貴之神，必從而默助之，以故通都大邑及窮鄉僻壤，莫不建立司富司貴之神而祀之。非好媚也，爲祈福也。縣治南七里許有村曰大東墻，按其户口將以百計，富貴未嘗無人，而苦不昌大。村之父老僉曰：無神庇蔭故也。於是邀請地師於東南□□□□秀□，峰勢聳拔之巔，建文昌閣，其上爲奎星閣。於山前建財神祠，於臨河平坦處建河神廟，爲溝洫保障，皆塑像而歲祀之。但厥功甚大，非村中所能獨成。早□外邊貿易□□□各執緣簿，廣行募化，雖多寡不一，而力□□事之心則均也。是役也，施地輸財者衆，庀材鳩工者勤。經始於己巳之仲春，落成於庚午之暮春。村人恐助緣之美意，建廟之苦心，掩没不傳，欲壽之貞□，以垂永久。乞文□余。□□賀曰：文昌奎星，能覺人者也，財神河神，能富人者也。既祀可富可貴之神，復盡可富可貴之道。行見粟陳貫朽，仰累綬若□富大貴後先相繼，皆斯廟之創建致之也。用□□其□□，嘉其事功，謹爲之記。

本邑儒學生員侯于東撰，本村郭永安書。施銀叁錢。

文昌奎星財神河神廟：岳正明施財神廟地基，吴忠義施河神廟地基、文昌廟地基貳分，賈康庄、賈德保受價錢拾千正，施錢貳千文。

經理人：王金德妻趙氏、長男道極、次男現極、長孫福柱子施銀□兩，岳榮貴妻□氏、長男正山、次男正□、長孫治和子施銀五兩。

糾首：王□耀妻王氏周氏、長男玉堂、次男滿堂施銀壹兩五錢，王普德妻趙氏、長男玉娃子、次男二娃子施銀壹兩五錢，王□□妻郭氏、趙氏、長男□泰、次男□泰施銀壹兩□錢，王命來妻薛氏、任氏、長男汝□、次男汝□施銀捌兩。

石匠：李世金。□□：吴□中。木匠：岳忠法，施銀三錢。鐵筆：張德英。泥匠：高……施銀三錢。

嘉慶拾伍年南吕月穀旦立。

580. 穿井碑記

立石年代：清嘉慶十六年（1811 年）
原石尺寸：高 40 厘米，寬 69 厘米
石存地點：晋城市澤州縣柳树口鎮樊家村

嘗思神爲盖世之主，人以神力纔得其生。龍神靈應，現出水泉，養民之德，無方可報。吾社首樊德茂，同合社人等，在後河穿井乙淵，人等所用。后日用水不足者，在往深打。序爲可記。

社首：樊本□、王盛公、樊德茂、王孝公、張永興，每分施錢乙百五十文。

□□讓施錢三百文，王子有二百五十文，王昌公乙百五十文，王勤公乙百五十文，□□重乙百五十文，王義公一百五十文。

樊希曾、王松公、樊□茂、樊三□、王子廣、樊□順、王子墨、樊三方、王□玉、王忠義、王忠礼，每分施錢一百文。

張保合、王□太公、樊□倫、張保山、樊必茂、王子富、樊永茂、樊春茂、樊本興，每分施錢一百文。

住持□增禪師。玉工賀田榮。

大清嘉慶辛未年三月丙辰吉日樊家庄闔社同立。

重修河神廟碑記

孝義縣之東北鄉南小堡在焉南小堡之東南隅河神廟在焉河神廟之名相沿已久而或者謂實禹王河也余不勝意之意夫昔之稱斯名也其推禹王為河神歟抑誤禹王為河神歟抑混禹王河神為一歟姑勿深論第即建廟之始末質言之按舊蹟廟之成成於康熙四十年正殿三間軒西向內塑河神像焉南北廂各四間招募僧人住焉而北廂後三間之中別設觀音座焉各四間之前一間北則僧之草房而南則僧之廚焉南北廂之外有山門則出入之必由焉山門五十步之前有樂樓則妥侑之是藉焉而且正殿右側巍然矗起者為文昌閣一所登斯閣而望之前後左右諸村鱗次而湊集者俱在衽席之下蓋吾鄉一鉅觀也百餘年於茲矣天時迭更人事莫繼風蝕之而雨蠹之也瓦縫漸以頹圮金妝漸以剝落庚午歲村人以更新之役囑余余辭不獲命乃恕己之竊計是役之費現存往年築堰餘銀三百餘兩出賣社地柳樹銀壹百七十六兩商人外化布施銀捌拾二兩村人扶樑布施銀玖拾四兩住持捨銀四十兩嗟呼是亦足以興是役矣遂就謀徒之暇庀材鳩工經始於庚午之三月告竣於庚午之八月合費銀柒百餘兩剩者復故者新其雖新而仍如乎故者則正殿西向之三間也文昌閣之巍然矗起也其因新而畧易夫故者北廂之神而南廂之移也其增新而頓異夫故者院之中横起二垣闢南北廂各三間於內各二間於外又於垣之中樹屏風以蔽內外益山門而又益一重門也夫而後村人之囑余者余亦可以少謝矣乎頌猶有告余者曰廟貌新矣樂樓未新且正殿左側尚有缺也余唯唯應之曰願俟之異日

581. 重修河神廟碑記

立石年代：清嘉慶十六年（1811 年）
原石尺寸：高 160 厘米，寬 70 厘米
石存地點：吕梁市孝義市大孝堡鎮南小堡村河神廟

重修河神廟碑記

孝義縣之東北鄙南小堡在焉，南小堡之東南隅河神廟在焉。河神廟之名相沿已久，而或者謂實禹王廟也。余不勝意之意。夫昔之稱斯名也，其推禹王爲河神歟？抑誤禹王爲河神歟？抑混禹王、河神爲一歟？姑勿深論，第即建廟之始末質言之。按舊迹，廟之成，成於康熙四十年。正殿三間，軒西向内，竪河神像焉。南北廂各四間，招募僧人住焉。而北廂後三間之中别設觀音座焉。各四間之前一間北則僧之草房，而南則僧之厩焉。南北廂之外有山門，則出入之必由焉。山門三十步之前有樂樓，則妥侑之是藉焉。而且正殿右側巍然矗起者，爲文昌閣一所。登斯閣而望之，前後左右諸村鱗次而凑集者，俱在衽席之下。蓋吾鄉一巨觀也，百餘年於兹矣。天時迭更，人事莫繼。風妒之而雨蠹之也。瓦縫漸以傾圮，金妝漸以剥落。庚午歲，村人以更新之役囑余。余辭不獲命，乃慭允之。竊計是役之資，現存往年築堰餘銀三百餘兩，出賣社地柳樹銀壹百七十六兩，商人外化布施銀捌拾二兩，村人扶梁布施銀玖拾四兩，住持捨銀四十兩。嗟呼！是亦足以興是役矣。遂就課徒之暇，庀材鳩工。經始於庚午之三月，告竣於庚午之八月，合費銀柒百餘兩。剥者復，故者新。其雖新而仍如乎故者，則正殿西向之三間也。文昌閣之巍然矗起也，其因新而略易。夫故者北廂之神而南廂之移也，其增新而頓异。夫故者院之中横起一垣間，南北廂各三間，於内各二間，於外又於垣之中樹屏風以蔽内外，蓋山門而又益一重門也。夫而後村人之囑余者，余亦可以少謝矣乎。顧猶有告余者曰：廟貌新矣，樂樓未新，且正殿左側尚有缺也。余唯唯應之，曰：願俟之异日。

……

清（三）

582-1. 創建梁公祠記略（碑陽）

立石年代：清嘉慶十六年（1811 年）
原石尺寸：高 136 厘米，寬 65 厘米
石存地點：運城市新絳縣三泉鎮席村

〔碑額〕：永垂不朽

創建梁公祠記略

讀漢史，召信臣守南陽，開通溝以廣灌溉，民享其利。嗣後杜詩因之，百姓親愛號曰“召父杜母”，其光於史册者，昭昭可考。兹席村、李村，蒲城列爲三偏東南，地約九頃有奇，地高不與水通。隋開皇十六年，臨汾縣内□將軍梁大老爺諱軌，以亢陽致灾爲憂，遂導鼓水經三泉東南注之壑，即臨壑爲閘，懸岸爲渠，扃閘則激水循渠而南，達於三庄，其流澤之孔長，直堪與召、杜等。千百年來，感恩戴德，欲爲之建祠也久矣！但有志焉而未逮。嘉慶十六年，值十五牌渠長邀請六十渠長，議建祠於孚惠聖母廟之右，衆皆唯唯。即鳩工庀材，爲正宇三楹，重修西茶房二間，又加之飾以丹雘。經始於孟夏，告竣於仲秋，并演戲謝土，共費金貳佰肆兩有零。自今以往，歲時有拜享之地，庶知惠功及人之深，以垂信於不朽云爾。

國子監太學生南明信撰文，儒學生員席繼周書丹。

嘉慶拾陸年歲次辛未九月吉日，衆渠長立。

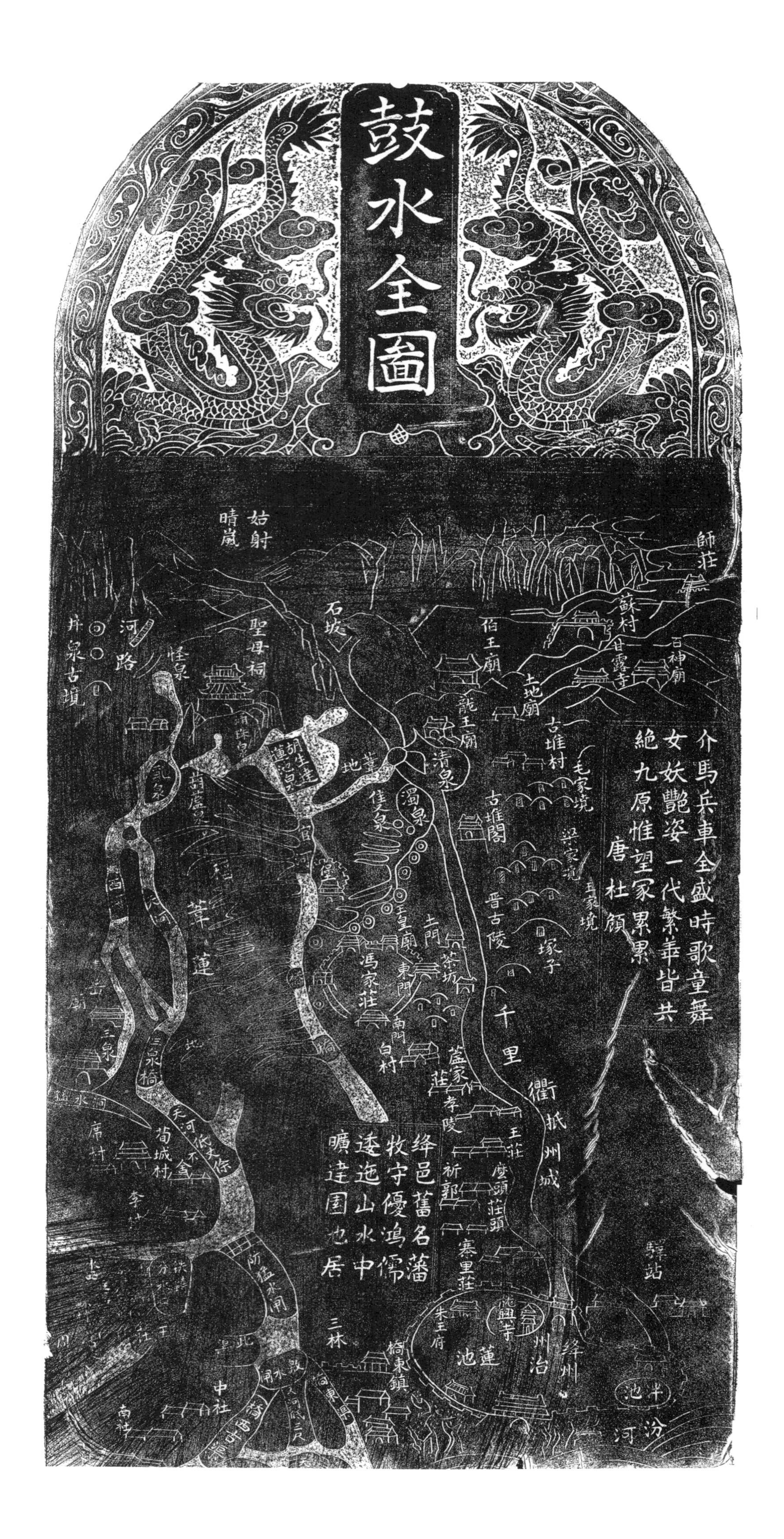
鼓水全圖
介馬兵車全盛時
歌童舞女妖艷姿
一代繁華皆共絕
九原惟望冢累累
唐杜頠
絳邑舊名藩
牧守優鴻儒
逶迤山水中
曠達園池居
姑射晴嵐
師莊
蘇村
甘露寺
柏王廟
土地廟
石坡
聖母祠
怪泉
河路
古堆村
龍王廟
清泉
濁泉
古堆閣
毛家境
梁家境
晋古陵
冢子
千里
衢
抵州城
馮家莊
白村
藍家莊
王莊
新鄭
寨里莊
三林
朱王府
蓮池
絳州治
驛站
半池
汾河
中社
南村
苟城村

582-2. 創建梁公祠記略（碑陰）

立石年代：清嘉慶十六年（1811 年）
原石尺寸：高 136 厘米，寬 65 厘米
石存地點：運城市新絳縣三泉鎮席村

〔碑額〕：鼓水全圖
介馬兵車全盛時，歌童舞女妖艷姿。一代繁華皆共絶，九原惟望冢累累。
唐杜頠。
絳邑舊名藩，牧守優鴻儒。逶迤山水中，曠達園池居。

〔注〕：本碑陰主要内容爲鼓水流嚮圖，并標明“清泉”“濁泉”及閘口等所在位置。

西趙邨門外水道一條雍正年間修建
已歷多年磚石傾頹水澤難流將修理
帝廟餘銀衆姓佈施共五十餘金而水道
之短缺者補之卑狹者增之煥然一新
水之流行自如也是為誌

施信士 張獨重 田生榜 田汗元 田吉文
田多裝 田季書 各艮三不 張獨欽 武獨貴
田生瑚 各艮五不 田喬秀 田多續 各艮一不
任三財 張殿明 田多功 田汗煌
裴興國 艮四不 田子文 田生財
張獨貴 田汗紳 焦士清 李其廷
田季詩 田多善 各艮二不 王成相
田生銀 住持僧洪禮
裴興國
經理糺首 田喬秀 攬工人田喬孝
張獨貴
田子璘 石工甯浦

嘉慶十七年歲次壬申孟冬 公立

583. 西趙村修建水道碑記

立石年代：清嘉慶十七年（1812年）
原石尺寸：高46厘米，寬43厘米
石存地點：吕梁市汾陽市三泉鎮西趙村關帝廟

西趙村門外水道一條，雍正年間修建，已歷多年，磚石傾頽，水澤難流，將修理關帝廟餘銀、衆姓布施共五十餘金，而水道之殘缺者補之，卑狹者增之，煥然一新。水之流行自如也。是爲誌。

施□信士：田□□、田生瑚、任三財、裴興國、張獨貴、田學詩、張獨重、田學書各銀五錢。張殿明銀四錢。田汗紳、田多善、田玉琇各銀三錢。田裔秀、田多功、田子文、焦一清各銀二錢。田汗元、張獨强、田多縉、田汗煌、田生財、李其还、王成相、田吉文、武獨貴各銀一錢。

經理糾首：田生銀、裴興國、田裔秀、張獨貴、田子璘。

住持僧：洪禮。

攬工人：田裔孝。

石工：甯浦。

嘉慶十七年歲次壬甲孟冬公立。

584. 重修龍王廟碑誌

立石年代：清嘉慶十七年（1812 年）
原石尺寸：高 145 厘米，寬 54 厘米
石存地點：臨汾市蒲縣黑龍關鎮屯里村關帝廟

〔碑額〕：碑誌

……成其□；河海不擇細流，乃能成其深。天堡屯北山之下，古有龍王廟一座，□□創自……神之爲靈固已昭昭矣。因歷年日久，風雨□頹，殿宇傾覆，神像□□，合村人等目擊心……擴地基，重修正中殿宇三間，東西二間，東西廊房十間……王諸神。雖非翬飛鳥革，而殿宇輝煌，焕然一新，俾吾村烟火萬家……功程浩大，資財不給，募化四方，并立神會一個，□□助厥成功。今將合社糾首……庶幾流芳百世，亦可永垂不朽云爾。

本邑□生……

（以下碑文漫漶不清，略而不録）

總理經管事宋光□、庠生陳海洋、耆賓馮有孝、庠生馮有德、庠生宜紹濂、楊鳳林，捨廟院、正殿、戲樓地基。□化施樹二株。

管工：郝明增、康世清、王從雲、康世魁、祁金武、張其發。石匠：午天魁、午天保。居士：陳進財。

時大清嘉慶十七年歲次壬申葭月吉日穀旦。

585. 龍王廟重修碑記

立石年代：清嘉慶十七年（1812 年）
原石尺寸：高 160 厘米，寬 85 厘米
石存地點：吕梁市柳林縣柳林鎮龍王廟

龍王廟重修碑記

竊嘗曠觀於今古，見有謀之前聖，猶待後聖而乃成，創之一世，必經幾世而始善。而况出數人之力，集四方之財，由□□之積，累千萬之數，擴尺地之基，壮百堵之觀，妥諸神之靈，容衆人之歸，工費浩繁，豈一朝一夕之所能□而致哉？

柳林鎮之坎地舊有龍王廟一座，創自正德年間，越萬曆六年、天啓三年，迄我朝康熙五十年、乾隆元年。前者創，後者繼，舊者新，壞者補。非不誠其心，竭其力矣。而要皆沿舊襲故，總無以集神明之靈佑，昭廟宇之輝煌，抑或前人有志未逮，以俟後人之善繼善述者踵事而增華也。

迨至乾隆五十七年，劉通、楊守謨等，體先志、發虔心，廣募化、集資財，闊基址、厚垣墉，而且增神位、嚴法象，别上下、分内外，盡其制焉，盡其倫焉！惟見龍王仍莅於宫中。東西磚窑二孔則有火神、白虎神、酒仙官、福禄財神在焉。即於此窑之頂建九天聖母廟五楹。登臨之餘，舉一灣之緑水，幾層之青山，無不收之望中也。以次而下，東西僧房并會棚共三十六間，列於兩旁。又其下，建樂樓一所，向與正殿相對，所以佑神也，而雕刻亦無不盡致。樂樓之旁，各立山門一座。山門之上，又修黑虎靈官神二樓。綜始終之期、計度支之数，共費三千餘金焉。

由是循墻而游，周圍無不方之棱角；望門而入，神人有各得之位置。然後定會期，壹衆志，音樂相與歌其功德，士女相與展其誠敬，商賈相與通其往來。不惟可以顯衆神之威靈，而又可以恢先人之功業；不惟可以便鄉邑之器用，而兼可以生老幼之善心。迄今告竣三十餘年矣。糾首亡者過半，而好善樂施之人名與建修之年月日，惜未勒諸貞珉以傳示於來許。倘自今以往，由樓而殿、由殿而廊、由廊而門，或有歷年久遠、不免風雨之剥落者，又何以使後之人觸目警心重修而不已也哉！糾首楊永健年已八旬，浩嘆久之，爰邀李春芳等議立碑□，欲使後人感斯文而興起焉。遂求序於予。予愧不能文，但見裕承先之功，具啓後之志，其所關係洵非淺鮮也！亦烏得不據實而書之也乎？至於神靈之永佑，實如水在地中，無時無處而不然也，又何俟予之頌禱云！

特調永寧州柳林同巡檢周作銓篆額，關中廩膳生員王者臣撰文，國子監太學生李春芳書丹。

經理立碑糾首：楊文健施錢四千四佰文，郭□□施錢叁千□佰文，□□文施錢叁千貳佰文，□育□施錢壹千□佰文，□春□施錢四千伍佰文，□□□施錢伍千文。

督工糾首：郭宏德、楊守謨、楊維□、楊永健。

監生：劉通、楊守□、馮廷相、永泰趙沛、□士達、永隆鋪、□懷義、李□、李□、高希孔。

經理□布施糾首：劉士元、高學雍、高光□、恒豐鋪、賀文魁、□盛公、□星乾、天□鋪王□民……

住持：演禎、演就；門徒：普□、普定；土主僧：普福。

善友：王自□、□美□、□天□。

石工：稷山縣□福成，河津□□大□。

嘉慶拾柒年歲次壬申十二月穀旦立。

重修水神山碑記

城東北數里許有山曰水神屢慶三都繞廟祀

崇奉聖母為各村香火所歸亦合邑覲禱所係也歷稽古碣建廟以來屢經修補而規制未備嘗人不無遺憾焉亦以年久剥落者墻垣傾圮

里中不忍坐視因集各村信士同議興工修殘補缺莫不懽欣鼓舞樂為從事而猶不能不有借於遠近衆善之財力相助矣如募化捐

貲鳩工庀材量能効力共勸厥事由是殿宇聿新山門式廓諸君增修鐘鼓樓東西分列配享祠由階而下別建碑房正廳俾蒞躋覽勝者

得所棲止其西則疏洗樓倚抱清泉上則修真洞庭祠高寄煥岩亦各量地修餘高高下下涣然聿新後之登是山者仰廟貌輝煌與嶺

峦之峻秀樹木之陰翳掩映雲霄鮮不歎勝境天成如蓬瀛環福地也竊惜僻處山陬名人罕到倘竟遂寂寞無聞如柳州之記鈷鉧仙之

賦赤壁不可使山益增輝而神愈顯名於天下守是役也經始於嘉慶庚午年春落成於壬申年秋兩易寒暑而功始告竣約費白鏹乙

千五百有奇除捐輸二千一百有奇下短四百有奇因伐樹價三百七十有奇以終其事蓋以生於山者用於山培於神者効於神

庶幾神人共悦不至貽怨痛於山靈也先是有諸君子董率募修梵石成椿後建禪房濶除石洞叢淫就緒因貲不足其事遂寢茲興土

木亦猶是事以增華例將嘗從姓氏並鐫諸石以垂不朽是為記

儒學生員趙用賓沐手謹撰併書

糾首 貢生郭繼汾 監生張世臣 公施銀壹伯壹拾兩

住持僧性悦門徒海德 海寧 施銀貳拾兩

旹

大清嘉慶十八年歲次癸酉榴月下浣穀旦

586. 重修水神山碑記

立石年代：清嘉慶十八年（1813 年）
原石尺寸：高 137 厘米，寬 62 厘米
石存地點：陽泉市盂縣孫家莊鎮水神山烈女祠

重修水神山碑記

城東北數里许有山，曰水神，属慶三都境，廟祀柴華聖母，爲各村香火所歸，亦合邑觀瞻所係也。歷稽古碣，建廟以來，屢經修補，而規制未備，前人不無遺憾焉。兹以年久，剥落宫墻，漸即傾圮，里中不忍坐視，因集各村信士，同議興工，修殘補缺，莫不歡欣鼓舞，樂爲從事。而特不能不有借於遠迩衆善之財力□相助。爰始募化捐資，鳩工庀材，量能效力，共襄厥事，由是殿宇聿新。山門式廓，左右增修鐘鼓楼，東西分列配亨祠。由階而下，别建碑房、□廳，俾荐馨覽勝者，得所栖止。其西則梳洗楼，俯抱清泉。上則修真洞、痘神祠，高寄巉岩，亦各量地修飭。高高下下，焕然聿新。後之登是山者，仰廟貌輝煌，與峰岱之峻秀、樹木之陰翳掩映雲霄，鲜不嘆勝境天成，如游娜環福地也！獨惜僻處山陬，名人罕到，倘有過客來，致如柳州之記鈷鉧，坡仙之賦赤壁，不將使山益增輝，而神愈顯名於天下□。是役也，經始於嘉慶庚午年春，落成於壬申年秋，兩易寒暑而功始告竣。約費白鏹工千五百有奇，除捐輸二千一百有奇，下短四百有奇，因賣樹價三百七十有奇，以終其事。盖以生於山者用於山，培於神者效於神，□庶幾神人共悦，不至貽怨痛於山靈也。先是有诸君子董率募修，甃石成堵，移建禅房，開除石洞。業經就緒，因資不□，其事遂寢，兹興土木，亦猶踵事以增華。例將當時姓氏，并鎸諸石，以垂不朽。是爲記。

儒學生員趙用賓沐手謹撰併書。

糾首貢生郭繼汾、監生張世臣公，完銀壹佰壹拾兩。

住持僧性忱，門徒海德、海寧，施銀貳拾兩。

時大清嘉慶十八年歲次癸酉榴月下浣穀旦。

重脩者也石坐渠碑記

蓋聞創開於前者立事僅成於後者加功倍精後[illegible]往[illegible]

夫吾鄉天門開於十六年四月新開者也酒渠三道各功已告成[illegible]

本盡善通渠之中有經營者爲有陳開者近有缺名往洩者有比[illegible]

河水洋洋北流活活安望其爲[illegible]前爲一往無憾事鄰之義山想[illegible]

而功役與募化願經其後樂全其美於十[illegible]月辯然功[illegible]

渠去其塞挾其障開補其缺路浚者深之狹者廣之亦[illegible]同成

水到逆近皆也上下感通此園成後可大可久之業也後之經營

不較勝於前之創造也哉用鎸勝果永絕芳名

陽邑生員　王[illegible]　勝武書

經理糾首　[illegible]

共勸成事

皆大清嘉慶十八年歲次癸酉　季夏穀旦

587. 重修老池石渠碑記

立石年代：清嘉慶十八年（1813年）
原石尺寸：高99厘米，寬64厘米
石存地點：太原市尖草坪區西關口村歇馬殿

重修老池石渠碑記

蓋聞，創開於前者立事猶疏，繼成於後者加功倍精。從古以來，往往然矣。吾鄉天門關於十六年四月新開老池石渠一道。維功已告成，而事未盡善。通渠之中有壅塞者焉，有障閉者焉，尤有缺略淺狹者焉。此即河水洋洋，北流活活，安望其踴躍直前而一往無阻乎？鄉之義士恐廢前功，復興募化，願繼其後，樂全其美。於十八年三月，特然動衆，重修石渠，去其壅塞，抉起障閉，補其缺略，淺者深之，狹者廣之。不数日而渠成水到，遠近皆達，上下咸通。此固成始成終，可大可久之業也。後之經營不較勝於前之創造也哉！用鎸勝果，永紀芳名。

陽邑生員朱勝紫撰，王光裕書。

經理糾首（以下人名漫漶不清，略而不録），共襄盛事。

時大清嘉慶十八年歲次癸酉季夏穀旦。

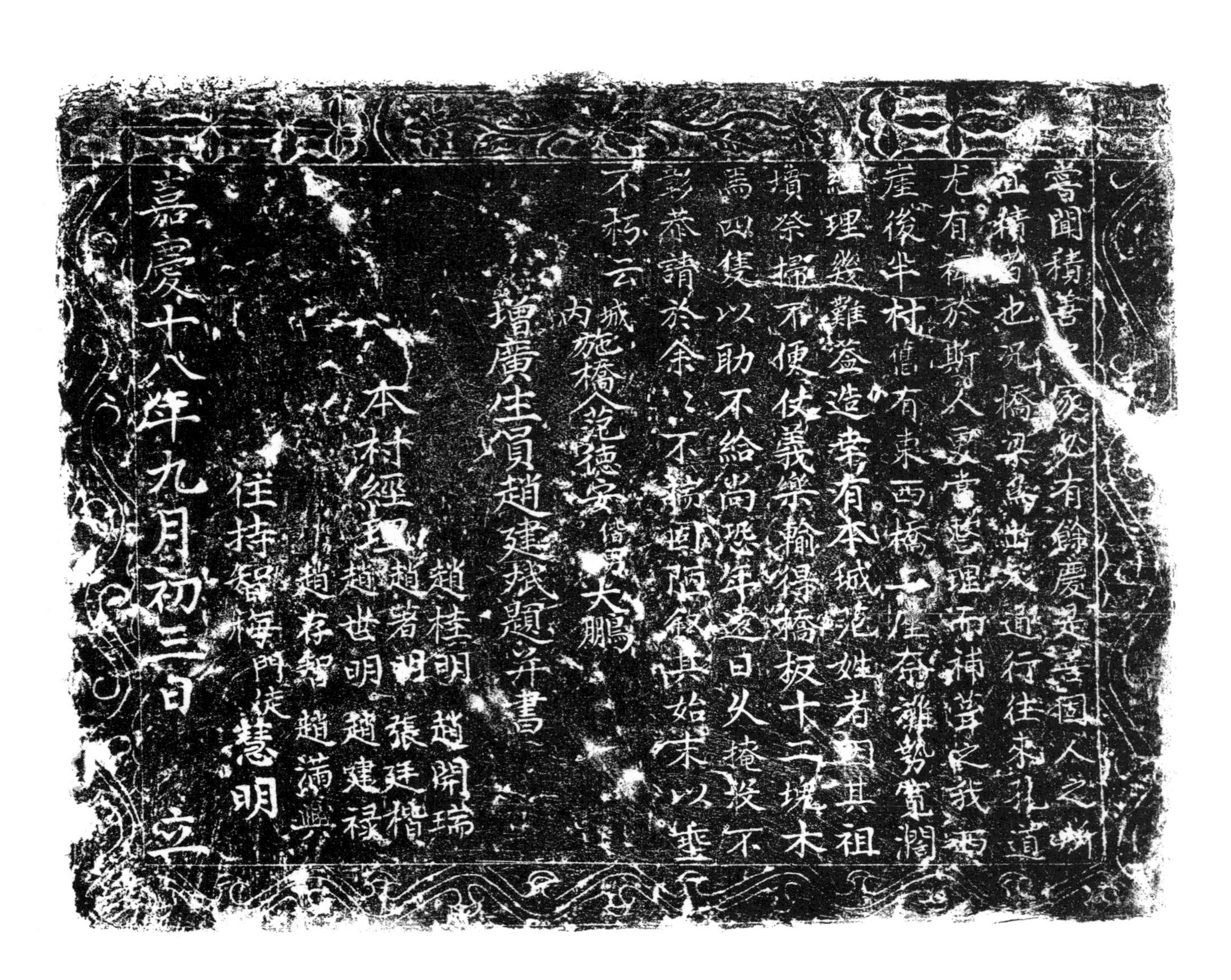

588. 捐資修橋碑記

立石年代：清嘉慶十八年（1813年）

原石尺寸：高40厘米，寬52厘米

石存地點：吕梁市離石區鳳山街道西崖底村虎麓寺

嘗聞積善之家必有餘慶。是善，固人之所宜積者也，况橋梁焉？出入通行，往來孔道，尤有裨於斯人，更常整理而補葺之。我西崖後半村舊有東西橋二座，奈灘勢寬闊，經理幾難蓋造。幸有本城范姓者，因其祖墳祭掃不便，仗義樂輸，得橋板十二塊，木馬四隻，以助不給。尚恐年遠日久，掩没不彰，恭請於余。余不揣固陋，叙其始末，以垂不朽云。

增廣生員趙建斌題并書。

本村經理：趙桂明、趙著明、趙世明、趙存智、趙開瑞、張廷楷、趙建禄、趙滿興。

住持：智梅。門徒：慧明。

城内施橋人范德安偕男大鵬。

嘉慶十八年九月初三日立。

重修

關帝廟誌嘗聞祀神惟謹人性之本也余念吾身雖昧不可

龍王不祈福於子孫命逢樂歲是為補修此吾志之所欲賞

神靈之威奕也斯其事不過聊表萬一以為之不朽耳

大武鎮　李士榮敬撰　　馮生萬

經理僧班家庄住持　慧鐠徒能潛謹書　　呂發財

梁文富　　王有盛

馮元芝

張士清妻張氏男萬成侄萬祿妻任氏孫男成業四則三孩五兒施修造銀肆百兩

張維魁

嘉慶十八年九月十三日　吉立　善誘段顯昌

589. 重修關帝龍王廟誌

立石年代：清嘉慶十八年（1813 年）
原石尺寸：高 77 厘米，寬 48 厘米
石存地點：吕梁市方山縣圪洞鎮古賢村青龍關帝廟遺址

重修關帝龍王廟誌

嘗聞祀神惟謹，人性之本也。余念吾身雖昧，不可不祈福於子孫。今逢樂歲，是爲補修，此吾志之所欲，實神靈之威奕也。斯其事不過聊表萬一，以爲之不朽耳。

大武鎮李士榮敬撰，經理僧班家庄住持慧鐠、徒能潜謹書。

張士清、妻張氏，男萬成、妻任氏，侄萬禄、妻任氏，孫男四小則，成業、妻張氏，三孩、五兒，施修造銀肆百兩。

泥匠：馮生萬。

木匠：吕發財。

瓦匠：梁文富、王有盛。

石匠：馮元芝。

丹青：張繼魁。

善誘：段顯昌。

嘉慶十八年九月十三日吉立。

流芳

德施旱池碑記

歲貢生候銓儒學司訓曹嵩壽仝從堂姪曹啟榮

曹春榮姪孫曹徵蘭因大夫岩村有大小水池

三圓池邊梛樹一株又有石坡一座情愿施在

合社合村歡欣勸之貞珉以誌不朽

旹

大清嘉慶十九年歲次甲戌葵月上浣之吉

590. 德施旱池碑記

立石年代：清嘉慶十九年（1814 年）
原石尺寸：高 153 厘米，寬 58 厘米
石存地點：晋中市和順縣平松鄉大夫岩村

〔碑額〕：流芳

德施旱池碑記

歲貢生候銓儒學司訓曹嵩壽，同從堂侄曹啓榮、曹春榮，侄孫曹徵蘭，因大夫岩村有大小水池三，圓池邊柳樹一株，又有石坡一座，情愿施在公社。合村歡欣。勒之貞珉，以誌不朽。

石匠：王□□。

時大清嘉慶十九年歲次甲戌梅月上浣之吉。

重修廟宇碑序

大清嘉慶拾玖年歲次甲戌仲夏月吉日 立

591. 重修廟宇碑序

立石年代：清嘉慶十九年（1814 年）
原石尺寸：高 132 厘米，寬 57 厘米
石存地點：太原市古交市桃園街道郝家莊村龍王廟

重修廟宇碑序

恭惟龍神入海飛天，變化之妙莫測；出雲降雨，潤澤之功無疆。故自王畿侯國以及鄉黨州閭莫不立廟，藉以栖神靈，明祀事焉。余郝家庄居陽邑之西山，大川都口村之西南，舊建龍王廟一所。村人禱雨，沛然而應。奈歷年久遠，風霜雨露之飄零，棟宇垣墉之傾圮，昔日壯盛有不可復睹者。壬申秋，歲頗豐稔，闔村公議重修，悉如願焉。越明年，經理者有人，募化者有人。鳩工庀材，增新易舊。既起造其正殿、南臺，復綵畫其神形聖像，兼之鐘鼓二樓與東面禪房，西面石窑。措置得宜，黝堊生色，無侈前規，無廢後觀，惟清惟净，以肅以嚴。事起於癸酉春初，迄甲戌仲夏而告竣，共費銀七百兩零。衆皆欲垂不朽，以序屬余。余不敏，僅以俚言數行，并捐輸姓名勒諸貞珉。庶一時之盛舉，不至久而遂忘也。是爲序。

邑庠生武光先頓首拜撰并書，邑庠生武繼昌敬書。

功德王門牛氏，男秀周、秀舉、秀國，孫男滿□、滿敬、滿忠，二閏子、八保子施銀五兩。糾首功德耆賓武尚書，侄男庠生光先，男榮邦、榮國，侄孫尊年、尊齡，孫男尊仁、尊義，侄曾孫師昌施銀十九兩。糾首牛生清，侄男有選、萬山、寶山、錦山有印，男有山，□□□□三娃，侄曾孫大海、二海施銀十四兩。糾首功德康滿桂，侄男作文、作儒，男作祥、作明、作瑞，孫男全禄、全真、全德施銀十五兩。糾首功德康滿明，弟滿榮，男重儒、重士，侄重俊、重杰，孫男芝蘭施銀十兩。功德牛□蘭，男牧山、牧世，孫男學成施銀八兩。糾首康俊仁，侄男元成，男元海、元金，孫男開章施銀七兩五錢。糾首牛生業，弟生廣，男發陞、發昌施銀六兩。糾首王生周，男永泰施銀五兩。

崞縣石匠張懷□、姚□玉施銀五錢。

大清嘉慶拾玖年歲次甲戌仲夏月吉日立。

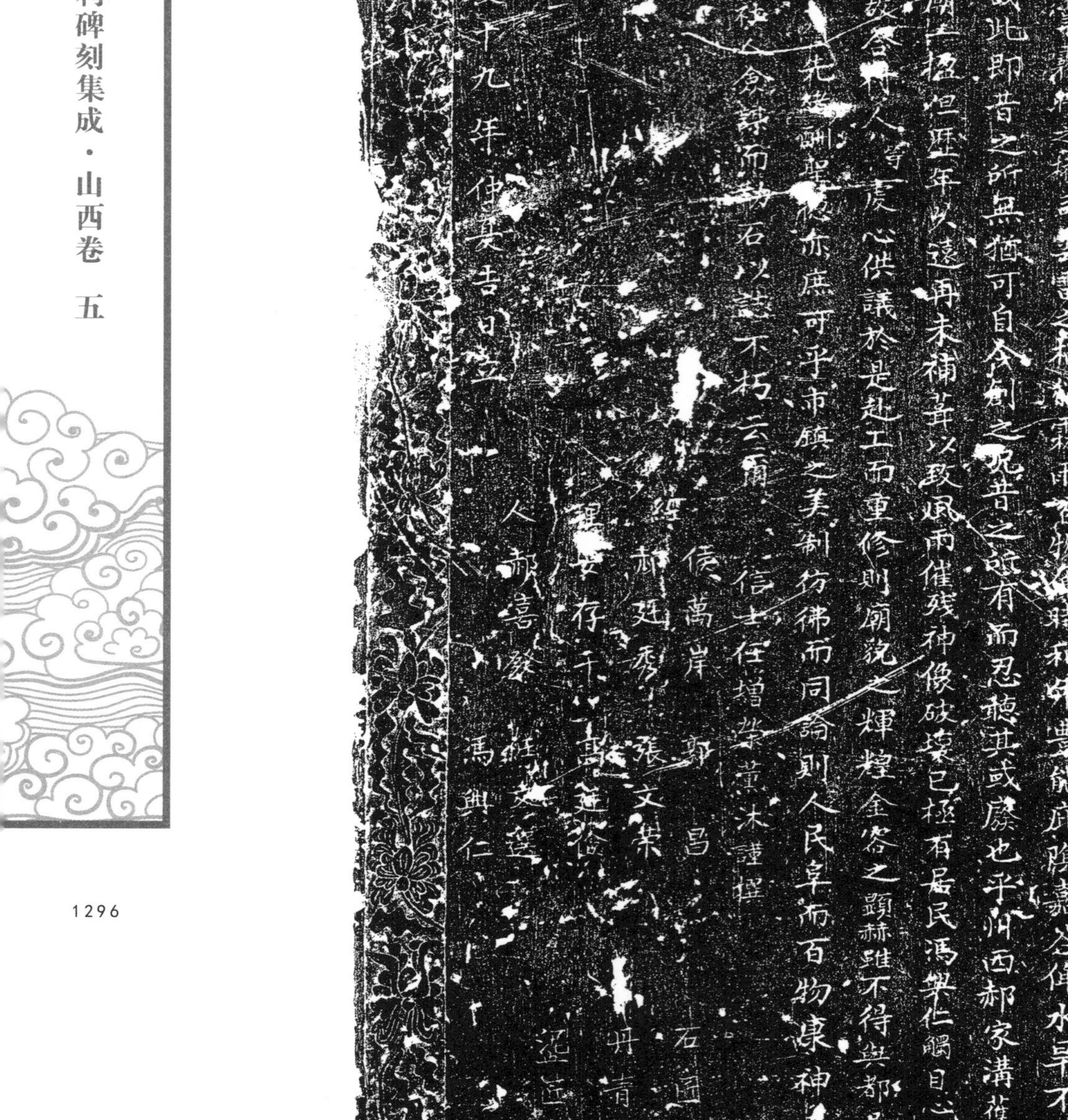
碑記

龍天聖母廟重修碑記

蓋聞治神之爲德，其神矣乎。視無形，聽無聲，其陰扶而默助者，凡神皆然也，矧都邑市[illegible]
山窮民庶，不建其宮，圖其形，崇奉敬事，而圖報於萬一焉，況哉。
龍天聖母，掌霧雨之權，司雲雷之柄，能霖雨百物，俾時和年豐，能庇蔭嘉谷，俾水旱不作，其爲德
不更大哉。此即昔之所無，猶可自今創之，況昔之既有，而忍聽其或廢也乎。州西郝家溝舊有
龍天聖母廟，但歷年以遠，再未補葺，以致風雨催殘，神像破壞已極。有居民馮學仁觸目心傷，欲爲
倡，力難成，故合村人等虔心供議，於是起工而重修，則廟貌之輝煌，金容之顯赫，雖不得與都邑之盛者
而並觀，然先後酬恩，德亦庶可乎市鎮之美制，彷彿而同論，則人民阜而百物康，神靈之[illegible]
[illegible]故今僉謀而勒石，以誌不朽云爾。 信士任增榮薰沐謹撰

侯萬岸 郭昌 石國[illegible]
經理 郝廷秀 張文榮 丹青[illegible]
存千 萬廷裕
人 郝喜發 [illegible]
馮興仁

大清嘉慶十九年仲夏吉日立

592. 龍天聖母廟重修碑記

立石年代：清嘉慶十九年（1814 年）
原石尺寸：高 105 厘米，寬 50 厘米
石存地點：吕梁市離石區棗林鄉郝家溝村龍天聖母廟

〔碑額〕：碑記

龍天聖母廟重修碑記

蓋聞鬼神之爲德，其神矣乎。視無形，聽無聲，其陰扶而默助者，凡神皆然也。故都邑市□山窮民，靡不建其宫、圖其形，崇奉敬事，而酬報於萬一焉。况我龍天聖母掌霧晴之權，司雲雷之柄，能霖雨百物，俾時和年豐，能庇陰嘉谷，俾水旱不作，其爲德不更大哉。此即昔之所無，猶可自今創之，况昔之所有，而忍聽其或廢也乎？州西郝家溝舊有龍天聖母廟一楹，但歷年久遠，再未補葺，以致風雨催殘，神像破壞已極。有居民馮興仁觸目心傷，欲爲建□，獨力難成，故合村人等虔心供議，於是赴工而重修，則廟貌之輝煌，金容之顯赫，雖不得與都邑之盛設□而并觀。然□先緒酬聖德，亦庶可乎？市鎮之美制，仿佛而同論，則人民阜而百物康，神靈之地，人□信然哉！故社人僉謀而勒石，以誌不朽云爾。

信士任增榮薰沐謹撰。

經理人：侯萬岸、郝廷秀、安存千、郝喜發、郭昌、張文荣、高廷儉、任文選、馮興仁。

石匠：黄萬興。丹青：南張喜。泥匠：劉天文。

大清嘉慶十九年仲夏吉日立。

593. 嵐王廟築堤記

立石年代：清嘉慶十九年（1814 年）
原石尺寸：高 105 厘米，寬 53 厘米
石存地點：長治市黎城縣嵐山廟

嵐王廟築堤記

“嵐山夜雨”係黎邑八景之□。靈泉洞，蒼松林，左右對峙；起雲石，蓮花池，高低掩映。真神盛景也。而嵐王廟坐戌向辰，實居山水之崇。殿□原有土堤一道，不甚高厚，山水派分而來，會聚於堤邊，即伏行地中，廟前始出。自創建以來并無水患，突於嘉慶十九年五月廿五日戌時，大雨時行，嵐山更甚。山水暴發而流□□地，將西北角門□□□□□院，水深丈餘，亂石堆集，幾與檐齊，殿宇雖無多損壞，而香首咸目擊心驚。此嵐山一變局也。於是□□公□修理，□□□□，所費百金而工程告竣。恐五村後輩不知此堤之築，何年伊始，何故高厚，故立誌石，□□□□云爾。

公議禁約附后：

自來松坡禁止放火，不許牧放牛羊，恐損壞松□，盛景减色。乃於嘉慶年間，有人放火焚山，將近年來初生樹株損壞無數。因此五村乃□□□□，□誌諸石，以垂永久。謹將條例開列於后：

一、羊群入坡，不拘多寡，罰大錢叁千文，牛馬驢騾入坡，罰大錢叁千文。

一、有在松坡拋取柴火者，罰大錢叁千文，有見而私放者，加倍罰錢。

以上罰頭錢數，見首者得錢一半，餘錢入社公用。有不受罰者，五社公同送官究治。

麥倉村生員靳師程撰并書丹兼管賬。

城□村社首：王建福、韓修業、姚秉公。

上桂花社首：高如桂、李子寬、李宗伯、劉謹言。

下桂花社首：高宗望、靳思邠、丁馮保。

麥倉村社首：靳玉振、靳□□、靳□幹、靳聿修。

趙家□社首：趙席珍、趙鵬飛、趙信行。

同立石。

石工李接雲勒石。

嘉慶拾玖年柒月穀旦。

永垂不朽

蓋聞民和而神降之福，神之爲靈昭昭也。是以民康物阜，而四時崇其祀焉，

宇大其觀，凡以答神明之惠、報庇蔭之功也。蒲之西境距城五十里，名曰北

盤地村，舊有

關帝、伯王、龍母、龍王、聖母、觀音諸祠，以及樂亭僧房，其創立已歷

有年。至今傾頹剝落，不堪寓目。有[illegible]等慮之，曰：廟宇摧殘，神何所依？於是

募化合[illegible]鳩工庀材，廟貌丕然一[illegible]，聖像煥然一新，庶幾神之靈有所托，而

人之心亦得少安矣。雖然，後之視今亦猶今之視昔，豈有世遠年湮而能永

保於不朽者乎？是又望後之君子振委起頹，以相續葺於無窮也已。

增廣生員張汝金撰

生員史善承書　施錢一千

金廷先施錢二千

金萬荣施錢二千　生金開基施錢三千

金德輝施錢一千　金開泉施錢三千　金開力施錢一千

郭應見施錢一千　刘盡孝施錢一千　金忠施錢一千　刘[illegible]施錢一千

糾首　金時升施錢二千　金大舟施錢一千五百　金奇高施錢二千　金用中施錢五百

金大利施錢二千　金開禮施錢六千　金安施錢一千　張[illegible]施錢五千

首　金位中施錢六千　金遇源施錢二千　金岐山施錢一千　金俊太施錢三百文

金開林施錢六千　金清施錢一千　金逢源施錢一千　金昌輝施錢一百文

大清嘉慶拾九年十月二十二日立

玉工蕭進太

594. 重修廟宇碑記

立石年代：清嘉慶十九年（1814 年）
原石尺寸：高 123 厘米，寬 54 厘米
石存地點：臨汾市蒲縣古縣鄉北盤地村關帝廟

〔碑額〕：永垂不朽

盖聞民和而神降之福，神之爲靈昭昭也。是以民康物阜而四時崇其祀，殿宇大其觀，凡以答神明之惠，報庇蔭之功也。蒲之西境距城五十里名曰北盤地村，舊有關帝、伯王、龍母、龍王、聖母、觀音諸祠以及樂亭、僧房。其創立已歷有年，至今傾頽剥落，不堪属目。有金時用、金口輝等慮之曰："庙宇摧殘，神何所依？"於是募化舍資，鳩工庀材。廟貌丕然一俊，聖像焕然一新，庶幾神之靈有所托，而人之心亦得少安矣。雖然後之視今，亦猶今之視昔，豈有世遠年湮而能永保於不朽者乎？是又望後之君子振委起頽，以相續葺於無窮也已。

增廣生員張友金撰。生員史善承書，施錢壹千。

糾首：金廷先施錢二千，金萬荣施錢二千，金德輝施錢一千，郭應見施錢一千，金時升施錢二千，金大利施錢三千，金位中施錢六千，金開林施錢六千，監生金開基施錢三千，金開泉施錢三千，刘盡孝施錢三千，金大有施錢一千五百，金開禮施錢六千，金遇源施錢二千，金清施錢一千，金開力施錢一千，金忠施錢一千，金奇高施錢一千，金安施錢一千，金岐山施錢一千，金逢源施錢一千，刘漢卿施錢一千，金渭施錢一千，金用中錢五百，張蘭錢一千，金後太錢二百文，金昌輝錢二百文。

玉工：黄進木。

大清嘉慶拾九年十月二十二日立。

595. 修築城外東西大路及捓城壕記

立石年代：清嘉慶十九年（1814 年）
原石尺寸：高 49.5 厘米，寬 60 厘米
石存地點：臨汾市侯馬市鳳城鄉西城村唐太宗廟

修築城外東西大路及捓城壕記

嘉慶十八年歲在癸酉七月十二日午後，暴雨驟至，迄戌亥刻而勢少殺。遥聞濤聲自東北來，奔騰之聲旋聽旋近，村人悚然警惕，夜間莫敢出視。次早城門開啓，見夫水勢汪洋，自城壕周圍，迄南崖底以及東西一帶，儼若巨浸。西南場屋漂溺者数處，東壕水穿穴孔，猶有陷壞城内房舍。若非西壕衝决水流及南，幾從龍口灌入城内。諸老咸相驚愕，以爲從來所未有也。越八月二十四日，復作霪雨，十晝夜始休。於是城壕浸損，東西大路遂疲累，危險而難行矣。夫補修道路，本善士之常，况斯路爲合莊出入所共由，而可不急爲區處乎！今歲季秋，農務已畢，僉議捐資興工，罔不踴躍樂輸。爰持畚揭，司版築，隘者補之，險者平之，曾未兩月而工畢焉。夫事有自起，功有由成。是役也，非大雨滂沱不及。此後之人履兹坦途，應知從前之有此灾异也。

施財姓氏開列於後（以下捐款者姓名及款數目略而不録）。

□□收布施銀伍拾陸兩玖錢貳分。

□土工九百一十二個，使銀壹佰兩〇〇叁錢貳分，一應雜費使銀捌兩一錢捌分伍厘，共使銀壹佰零捌兩伍錢零伍厘。除收不足，使官匣内銀伍拾壹兩伍錢捌分伍厘。

四會首人經理。

大清嘉慶十九年歲次甲戌十一月吉日，莊人謹誌。

修橋碑記

596. 修橋碑記

立石年代：清嘉慶十九年（1814 年）
原石尺寸：高 125 厘米，寬 58 厘米
石存地點：晋城市沁水縣嘉峰鎮尉遲村尉遲廟

〔碑額〕：修橋碑記

吾聞之《夏令》曰：“九月除道，十月成梁。”□以時將寒沍，爲橋梁以通之，使人人……依泊之西岸，山環其後，水繞其□。□□相傳，昔者社有橋梁，以濟行人。後被河水……此以來，每歲建橋，其木植之所需，不過臨時借用而已矣。今歲夏，有吕、張二姓……久之計，因集宰社諸君，而爲置橋之議，僉曰：“善事也。”於是沿門募化，隨其家之……及鄰村好善君子、□遷客官，亦各有所輸，共□厥事。乃命工師，爰求良木，大者……寒時，而功□成矣。事既竣，囑余爲記，是以忘其固陋，特詳始末，俾經理者之勤勞……并傳不朽云。

□邑王夢光撰并書。

（以下碑文漫漶不清，略而不録）

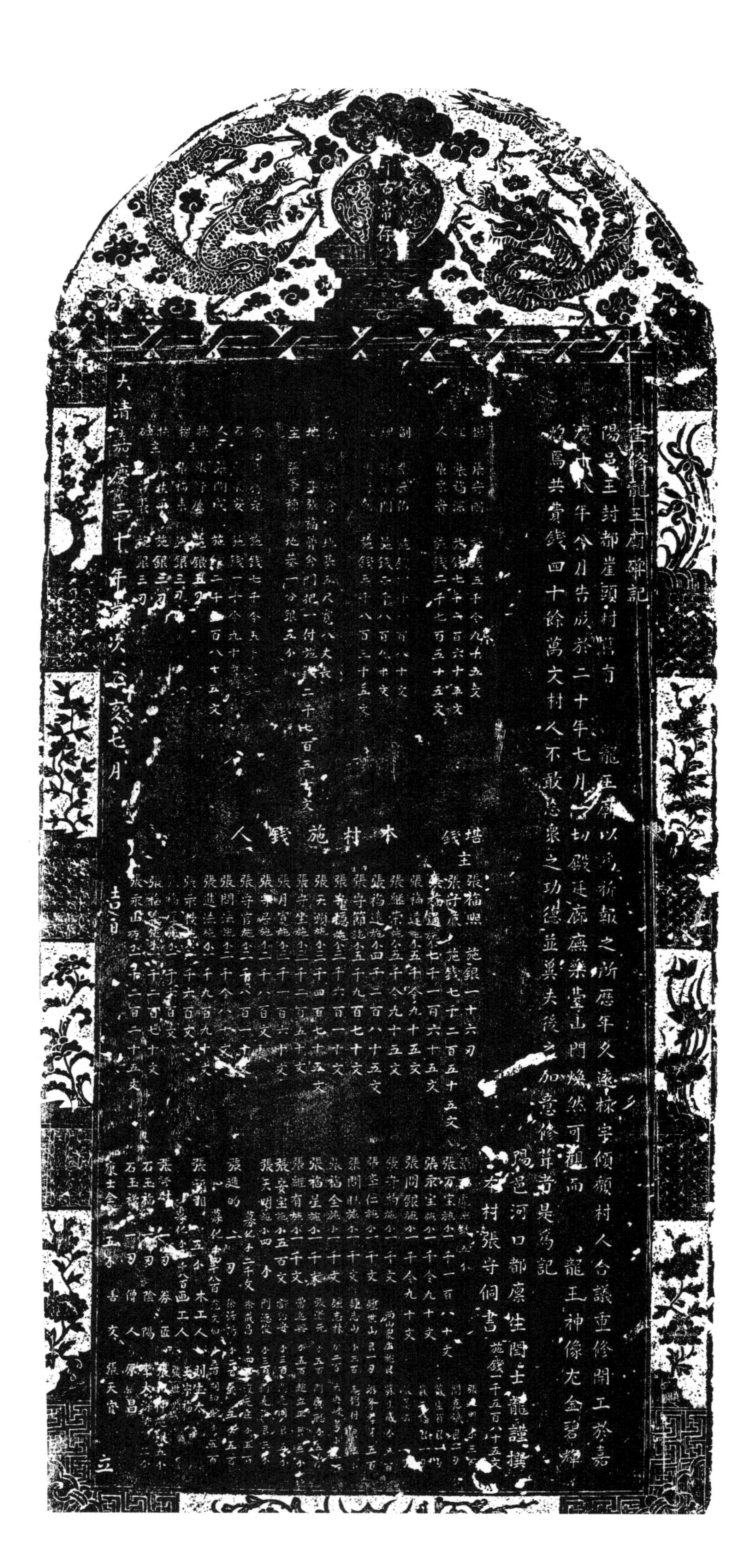

597. 重修龍王廟碑記

立石年代：清嘉慶二十年（1815年）
原石尺寸：高175厘米，寬77厘米
石存地點：太原市古交市河口鎮崖頭村龍王廟

〔碑額〕：千古常存

重修龍王廟碑記

陽邑王封都崖頭村舊有龍王廟，以爲祈報之所。歷年久遠，棟宇傾頹，村人合議重修。開工於嘉慶十八年八月，告成於二十年七月。一切殿廷、廊廡、樂臺、山門焕然可觀，而龍王神像尤金碧輝煌焉。共費錢四十餘萬文。村人不敢忘衆之功德，并冀夫後之加意修葺者。是爲記。

陽邑河口都廪生閆士龍謹撰。本村張守侗書，施錢一千五百八十五文。

總理人：張守剛施錢五千令九十五文，張福深施錢七千二百六十五文，張家貴施錢二千七百五十五文。

副理□：張天佑施錢一千一百八十文，張□□施錢二千八百九十文，□□□施錢三千八百三十五文。

舍地主：□守倉地基五尺寬八丈長，子張福普舍門把一付施錢二千七百五十文，張學棟地基一分銀五錢。

舍石人：□□元施錢七千令五十文，□□安施錢一千令九十文，張□成施錢二千□百八十五文。

扶梁主：張□廉施銀五兩，張福來施銀三兩。

扶碑主：張□平施銀三兩，□□長施銀三兩。

堪錢主：張福熙施銀一十六兩，張守廉施錢七千二百五十五文。

本村施錢人：張福通施錢七千一百六十五文，張福達施錢五千令九十五文，張繼榮施錢五千令九十五文，張福遠施錢四千二百八十五文，張守節施錢五千九百七十文，張守稳施錢三千六百一十文，張天順施錢三千四百七十五文，張守坐施錢三千二百五十文，張月寬施錢三千一百六十文，張守居施錢二千八百文，張守官施錢二千八百一十文，張問法施錢二千令八十文，張進法施錢一千九百九十文，張永□施錢一千六百文，張福厚施錢一千六百文，張永山施錢一千二百二十五文，張福虎施銀五錢，張万宝施錢一千一百八十文，張永宝施錢一千令九十文，張問銀施錢一千令九十文，張守約施錢一千文，張□仁施錢一千文，張問□施錢一千文，張福全施錢一千文，張福星施錢一千文，張繼有施錢一千文，張安宝施錢五百文，張天明施錢四錢，募化錢二千文，張進的一兩，募化錢四千八百，張福相五錢，募化錢□千八百，張發財一兩，石玉福一兩，石玉禄一兩，康士全五錢。

西山泉庄施銀：鍾世山銀一兩，鍾志山錢三百，鍾志林錢二百，張滿元錢五百，常進興錢五百，許治安錢三百，閆德俊錢三百，徐成昌錢四百，徐浩陽錢二百，范文如錢六百，張□明錢三百，閆克斌銀二兩，蘇生祥銀一兩，蘇□□銀一兩，□□云一兩，蘇生成錢五百，游學孝錢五百，王錦付銀五錢，大興□号錢五百，閆廣聡錢五百，趙立正銀三錢，閆克同銀五錢，□克□銀三錢，□元庄錢五百，武立錢五百，胡印□錢五百。

木工人：刘生太。

画工人：王宗福、張世順。

券匠張口仲，施銀五錢。

陰陽李大深，施銀二錢。

僧人：原昌。

善友：張天官。

大清嘉慶二十年歲次乙亥七月吉日立。

《重修龍王廟碑記》拓片局部

598. 重修崛嵎寺碑記

立石年代：清嘉慶二十年（1815 年）
原石尺寸：高 208 厘米，寬 80 厘米
石存地點：太原市尖草坪區崛嵎山多福寺

重修崛嵎寺碑記

乙亥之春偶居省會，歷午夏，遇上蘭村之□公□萬……頗相莫逆。一日叙及里居，稱其村距城西北四十里許，近烈石口，汾水出焉。村後傍山依水，有竇大夫廟，殿宇嵯峨，寒泉在側，泉……旱禱雨輒應。縣誌八景所謂“烈石寒泉”者是，盖邑之名勝地也。故村之北街有古刹名崛嵎寺，佛像尊嚴，肇修不紀年所，街之富貴……賴焉。特以風雨漂剥，不堪栖佛，闔街公議舉而新之，募化重修，焕然一新。辛□春興工，乙亥夏告竣，乃礲石索予言。予思夫神道設教……神所憑依，將在德矣，人能和輯其心而惟德是尚，神無有不靈者。今以一街舉□廟之功，經費浩繁，幾閲寒暑，不少怠休，務蕆厥事，不足□□□□和輯而樂善不倦乎？且佛之垂戒深矣，佛以慈悲爲心，不慈悲者佛人雖尊佛敬□，實與謗佛罵佛等。街之人富者無所吝其財，貧者無所□□□，相賙、相恤、相親、相睦，群相推此樂善之志於無窮，以大願力爲善，絶盛廣長舌□□萬也。昔人云“即心即佛”，又曰“一切福田不離方寸人心”，□□□於廟功著之矣。誠使一街樂善之心洋溢於此廟之外，善念常興，善事常舉，亦如□□□有舉不廢，日新不已，善之善者也。是即以神之心爲心，□□是乎靈。予因于公之請，嘉街之人樂善，不禁歡喜贊嘆而爲之序。

乾隆壬子科舉人候選知縣□□鸞薰沐謹撰，陽曲縣儒學附學生員于寧□□齋熏沐敬書。

（以下碑文略而不録）

大清嘉慶貳拾年拾月……

英濟侯廟重脩碑記

盖聞廟者貌也古人尊祖敬宗子孫無不合之漠奕世妥神報德生民有必達之忱是故創於前者因期有基而勿壞因於後者奚憚煩事而增華如列石山者陽曲之勝境也其地汾水襟焉寒泉涌焉峰則疊嶂排空林則欝秀繁陰春風秋月之時蜚鳥落花之際其足以即景移情者前人碑記之所述盡矣余不多贅茲緣其下舊有

英濟侯廟規模雖具未見宏敞甚非所以崇前賢報有功也住持等病之因議增建鼓樓一座角門二座重脩鐘樓一座西廊七間南殿五間廟之左舊有保寧寺院落緣代遠年湮殿屋盡頹矣廊廡已墮矣梵語禪香殊屬不靜因而新作之加山門焉其銀兩則糾首住持等之所募化也其缺乏則本街糧石及住持地租之所增益也其經始落成則庚午之秋迄丙子之夏也由是堂檐聿廓履其庭者穆然生肅靜之心門宇維新遊其地者翹然動仰瞻之慕又况乎祈年禱雨可以慰民之苦衷暮鼓晨鐘足以發人之猛省也哉

庚午科舉人劉璃謹撰

鄉飲介賓劉紹英敬書

股頭

苗平西 苗毓京 苗平川 苗太和 苗現增 劉王英 苗維武 苗克岐 苗世漳 苗平海 史天金 苗來俊 苗繼武 苗仁傑 苗佳訓

鄉約

渠長

功塟主

經理總管

大清嘉慶貳拾壹年歲次丙子夏六月穀旦

599. 英濟侯廟重修碑記

立石年代：清嘉慶二十一年（1816 年）
原石尺寸：高 234 厘米，寬 89 厘米
石存地點：太原市尖草坪區竇大夫祠

英濟侯廟重修碑記

蓋聞廟者，貌也。古人尊祖敬宗，子孫無不合之漠；奕世妥神報德，生民有必達之忱。是故創於前者固期有基而勿壞，因於後者奚憚踵事而增華。如列石山者，陽曲之勝境也。其地汾水襟焉，寒泉涌焉。峰則叠嶂排空，林則鬱秀繁陰。春風秋月之時，蜚鳥落花之際，其足以即景移情者。前人碑記之所述盡矣，余不多贅。兹緣其下舊有英濟侯廟，規模雖具，未見宏敞，甚非所以崇前賢、報有功也。住持等病之。因議增建鼓樓一座，角門二座，重修鐘樓一座、西廊七間、南殿五間。廟之左舊有保寧寺院落，緣代遠年湮，殿屋盡頽矣，廊廡已墟矣。梵語禪香殊属不静，因而新作之加山門焉。其銀兩則糾首、住持等之所募化也，其缺乏則本街糧石及住持地租之所增益也。其經始落成，則庚午之秋迄丙子之夏也。由是堂檐聿廓，履其庭者穆然生肅静之心；門宇維新，游其地者翹然動仰瞻之慕。又况乎祈年禱雨可以慰民之苦衷，暮鼓晨鐘足以發人之猛醒也哉！

庚午科舉人劉瑀謹撰，鄉飲介賓劉紹英敬書。

功墊主：苗萬寶，男現朝施銀陸兩，苗芝發，男德旺施銀陸兩，苗天培，男維武施銀伍兩，苗建勳，男凌霄施銀伍兩。

經理總管：苗萬寶、苗恒德、苗定寶、王斗金、苗克泰。

股頭：苗學孔、苗道寶、苗克佳、苗凌霄、苗浚雲、苗步瀛、苗尚仁、苗懷禎、苗德旺、苗廷芳、苗尚智、苗尚賢、苗保德、苗叙福、高普元、苗道光、苗平西、苗毓京、苗平川、苗太和、苗現增、劉玉英、苗維武、苗克岐、苗世澤、苗平海、史天金、苗來俊、苗繼武、苗仁杰、苗佳訓。闔村按糧捐銀捌拾兩。

鄉約：武成富、高普元、苗恒德、樊植、苗太和、苗聯光、史正榮、苗朋瑛、仝盛、苗尚仁、史大謨、苗平川、史景餘、苗凌霄。

渠長：王守國，男登華、登荣、登富施銀十二兩。和合渠按地畝捐銀捌拾叁兩伍錢。李泰來、苗來涺、史正貴、樊慶、苗明瑛、苗步海施夫肆佰陸拾名。

選擇：苗來涺。

木工：常義。

鐵工：趙義、趟仁、武貞德。

鐵筆人：王植。

泥工：王禄貴。

石工：王守國

畫工：王福義、李大金、苗大。

住持僧：來□、□祖璉、祖玫、祖玨、孫應□。

大清嘉慶貳拾壹年歲次丙子夏六月穀旦。

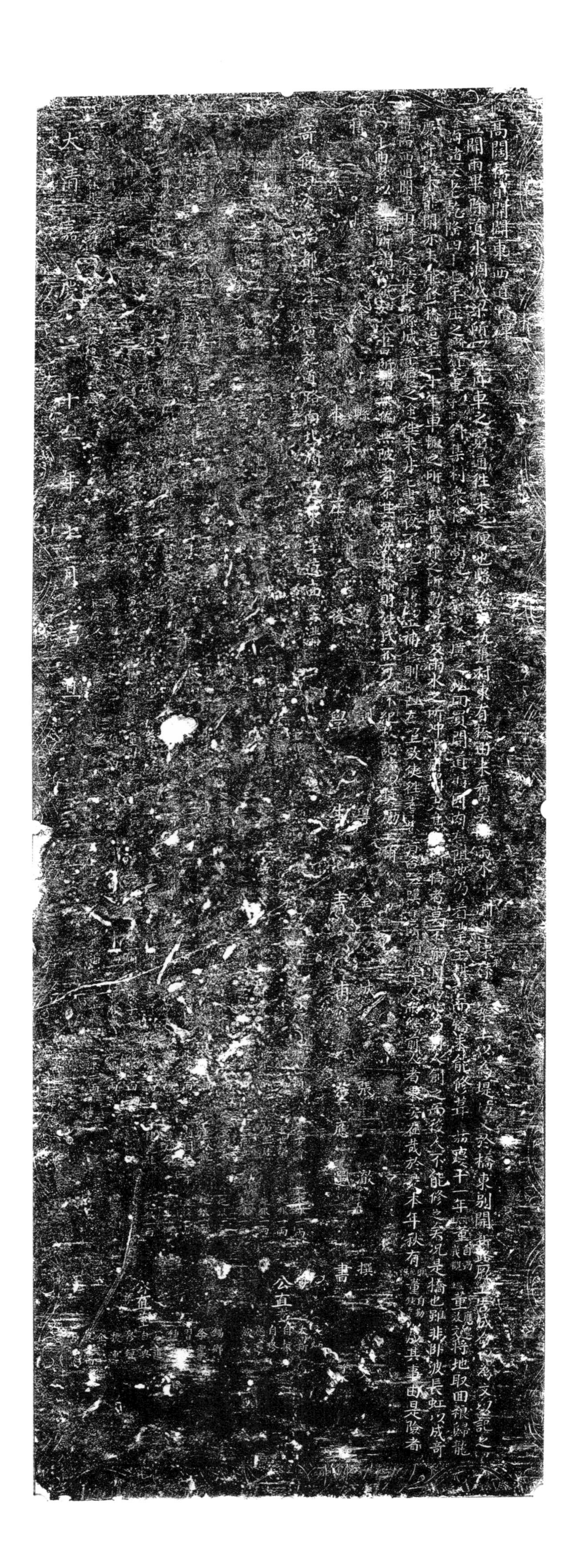

600. 高閣橋梁開闢東西道路碑

立石年代：清嘉慶二十一年（1816年）
原石尺寸：高197厘米，寬73厘米
石存地點：運城市絳縣古絳鎮東仇張村

高閣橋梁開闢東西道路碑

盖聞雨畢除道，水涸成梁，所以濟舟車之窮，通往來之便也。縣治東仇張村東有橋，由來舊矣。因雨水冲刷，邊壞棱替，爰築土以爲堤坊，又於橋東别開新路。厥工告成，命以爲文以記之。余詢諸父老，乾隆四十七年，莊之介耆賓董企銘、董守正糾集村衆，橋上高池□□敦廣之地，回買開道，時因内有阻地，仍着業主耕種，而橋未能修葺。嘉慶十一年，董自勤、董峨觀、監生董應選、董效文將地取回，粮歸龍慶寺，路未能開，亦未能修橋。迨至二十年，車轍之所震撼，馬蹄之所動蕩，以及雨水之所冲泛，崩塌更甚。睹斯橋者，莫不觸目傷心，爲前人創之，而後人不能修之矣。况是橋也，雖非卧波長虹，以成奇觀，而西通聞邑由行之徑，東繇縣城率履之途，往來井井，晝夜不絶，使非鳩工補修，則險凶在望，致使往者心有咨嗟嘆息。所謂便行人而繼前人者，果安在哉？於是本年秋有職祀生董自勤、董鍾秀以成其事，由是險者以平，曲者以直。《詩》所謂如砥如矢，《書》所謂無偏無陂者，不其然欤。其輸財姓氏不可以不紀，故記諸以獎勵云爾。

特授絳縣儒學訓導金城張澈撰文，本庄後學生青甫董應選書丹。

奇偉刁公治都法斌惠、董文山施道路，南北闊三尺，東至道，西至溝。

（以下碑文漫漶不清，略而不録）

公直董文炳、董文新、董自振、董自修、董應選、董效文。公直董錫鄉、董學聖、董習文、董鍾英、董修道、董自興、董修智、董捷連、董企聖、董興需、董占鰲。

大清嘉慶二十一年七月吉旦。

601. 水利碑記

立石年代：清嘉慶二十一年（1816 年）
原石尺寸：高 110 厘米，寬 57 厘米
石存地點：臨汾市霍州市辛置鎮塔底村龍王廟

〔碑額〕：水利碑記

古来塔底村有實粮水地貳百肆拾伍畝玖分。村後三峪，以及白堰、稻地湾各處泉水盡属本村，實粮水地使用并無他村之分。自明以来，始與北村輪日。本村逢一接水，北村逢八接水，俱以鷄鳴爲時。伊村每年六月中，付本村租水錢壹千文，古规則然。隆慶年間，有立碑誌於藍炭平，存纂修於本社中，舉凡地畝、泉眼、輪流日期，以及錢文無不載明。詎乾隆年間，不知何人，心懷謀水，将碑打壞，令北村社起争水之意，黑夜攤渠，硬行霸水。既而興訟到官，伊以小月不如三七之数，捏詞誣禀。蒙訊，着兩分小月，将二十八日鷄鳴之時，改爲二十七日午時，直弃古規於無有焉。竊思輪水不止一日，小月自古皆有，若伊村不應小月，則當前人分水之時，未有不早爲之。争訟者全不念此，竟以不如三七之数誣赖乎！苟不爲之補碑，以表古規則，舊碑□而纂修或損，微特古規無由考，而彼未必不起得隴望蜀之心。於是每議録纂修以補碑，乃未逢公事，亦空言而莫補。今本社地畝捐資重修龍王廟中樂楼一座，創立西面楼房六間，彩飾廟宇，金妝聖像，已懸匾以告竣。因併将古存纂修勒諸貞珉，上續往代，下垂来世，以使先我而没者不憾無述，後我而生者弗苦莫傳。庶幾幽有赖，明有藉，兩無所負乎！是爲序。

首事人：范克明、梁禹勤、耆賓部盡思、耆賓梁作霖、耆賓部萬邦、監生部萬全、盛生梁作楝、撰書周景運、耆賓部萬鎰、武生劉洪儒、劉汝勉、生員高時□、監生梁士正、武生梁士生、武生梁生秀。

稷山縣石匠翟登。

大清嘉慶二十一年仲秋穀旦。

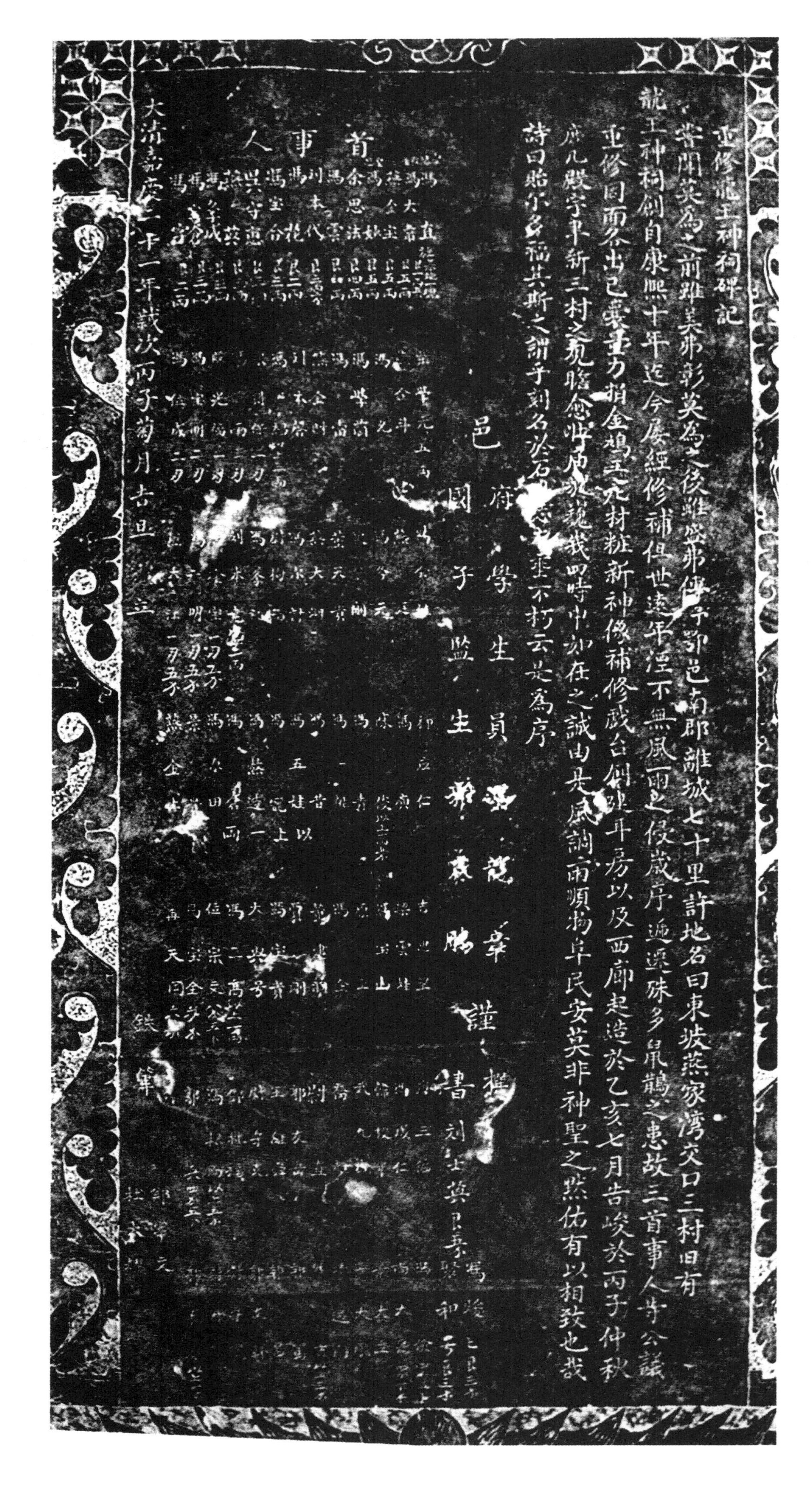

重修龍王神祠碑記

嘗聞莫爲之前雖美弗彰莫爲之後雖盛弗傳乎鄧邑南郡離城七十里許地名曰東坡燕家灣交口三村旧有

龍王神祠創自康熙十年迄今屢經修補但世遠年湮不無風雨之侵歲序遞遷殊多鼠鵲之患故三首事人等公議

重修因而各出己囊量力捐金鳩工庀材粧新神像補修戲台創建耳房以及西廊起造於乙亥七月告竣於丙子仲秋

庶几殿宇聿新三村之觀瞻愈壯廟貌巍巍我四時中如在之誠由是風調雨順物阜民安莫非神聖之默佑有以相致也哉

詩曰貽爾多福其斯之謂乎刻名於石[illegible]垂不朽云是爲序

邑 府學生員 [illegible] 謹撰

國子監生 [illegible] 謹書

首事人

大清嘉慶二十一年歲次丙子菊月吉旦立

602. 重修龍王神祠碑記

立石年代：清嘉慶二十一年（1816年）
原石尺寸：高155厘米，寬64厘米
石存地點：臨汾市鄉寧縣西交口鄉木坡村

〔碑額〕：萬善同歸

重修龍王神祠碑記

嘗聞莫爲之前，雖美弗彰，莫爲之後，雖盛弗傳。予鄂邑南郡離城七十里許，地名曰東坡、燕家湾、交口三村，旧有龍王神祠，創自康熙十年，迄今屢經修補。但世遠年湮，不無風雨之侵，歲序遞遷，殊多鼠鵲之患。故三首事人等公議重修，因而各出己囊，量力捐金。鳩工庀材，妝新神像，補修戲臺，創建耳房以及西廊。起造於乙亥七月，告峻［竣］於丙子仲秋。庶几殿宇聿新，三村之觀瞻愈壮；庙貌巍峨，四時中如在之誠。由是風調雨順，物阜民安，莫非神聖之默佑，有以相致也哉。《詩》曰“貽尔多福”，其斯之謂乎？刻名於石，□志永垂不朽云。是爲序。

邑府學生員馮龍章謹撰，國子監生□□□謹書。

首事人：□□馮直施基地一塊銀一兩五□，□□馮大常銀五兩，□金寶銀五兩，□□馮妙銀五兩，余思法銀四兩，馮雲銀四兩，刘本代銀三兩二錢，馮花銀二兩，馮寶合銀三兩，吴守惠銀三兩，燕英銀三兩，馮□成銀三兩，馮□倉銀三兩，馮字銀二兩，□學元銀五兩，□金斗、馮允、馮學蘭、馮□、燕金財、□本□、馮□，以上三兩，□□寶銀二兩，□雨銀二兩，□光福銀二兩，馮保明銀二兩，馮位成銀二兩，馮□□、燕廷、馮□元、□剛、董天貴、燕大湖、馮爾□、□□□、馮學□、刘本堯，以上二兩，□金寶一兩五錢，馮二明一兩五錢，燕大江一兩五錢，祁應仁、馮庚、陳俊，以上一兩五錢，馮青、馮□、馮昔、馮五□、馮□、馮□造、馮倉、馮爾田、景□、燕金□，以上一兩，吉□望、梁雲娃、馮寶山、原□、馮全、董建□、賈剛、馮寶貴、大興號、馮二高，以上一兩，位宗文八錢五分，馮寶全六錢，寧天同六錢，刘士英銀五錢，唐三□、□成仁、韓□□、武九□、□□尉直、郭友岳、王繼舜、尉守克、鄧林□、馮根□，以上五□，郭兵四錢五分，馮煖□銀三錢，聚和號銀三錢，馮儉四錢五分，馮大□四錢一分，□大立、□大□、□□門、□□，以上三錢，郭□、郭吕、郭友□……以上一錢。

鐵筆：鄭宰文、杜太□。

大清嘉慶二十一年歲次丙子菊月吉旦立。

603. 南社新創石錦橋碑文序

立石年代：清嘉慶二十一年（1816 年）
原石尺寸：高 60 厘米，寬 160 厘米
石存地點：長治市平順縣北社鄉南社村

南社新創石錦橋碑文序

大凡業有不得不創，統有不得不垂者，我村之石錦橋是也。此橋未作以前，其下爲溝，名曰洞道，深過數仞，闊約五丈，誠一方之險要，村中之鎖鑰也。然其修也，唯我南社有專力焉。溝之中上爲水口，亦關太路，水口之西有五道廟，其北有觀音閣，其水口則藉石槽以泄衆流。歷年既久，浸損愈甚，其石槽亦若懸似墜，幾幾乎朝夕之難保焉。倘石槽一落，恐水來水去，不惟廟與閣日見瓦解，而村中之咽喉與運行之命脉且不免有“高岸爲谷，深谷爲陵”之嘆矣！惟是我南社牛斐然與牛三達等不忍坐視，年年資修，按地畝以捐穀，日日努力，依門户而催工。更賴四方樂善君子慨輸囊金，共襄厥事。創始於嘉慶之十二年，告竣於嘉慶之二十一年。今鐫碑勒名以彰善心於不朽，俾仰其碑者咸知焉。又因洞道之名無形可驗，故更其名爲石錦橋云。

募今將施主開列于左：牛立莘、牛米學、深澤縣化銀五十兩，牛壯强銀五兩，積玉號銀二兩，德恒號，增盛號各銀一兩，牛炳然京都化銀四十兩，景豐銅局銀十一兩，天盛樓銀三兩，永太興記、通順公、天德號、增武銅鋪、聚盛銅鋪、牛卓然化銀二兩，馬禄山、牛開甲，大石橋化錢二千七百，牛立文壹邑化錢一十七千，恒興號錢二千，三順號、萬全義當、同義當、允協當銀一兩，恒盛元記各錢五百，牛燦然坡頭村化錢五千四百五十，小鐸村銀七兩，苗莊村錢五千，廣裏村銀五兩，西旺莊河西錢三千，下唱溝錢一千八百，三合窑錢二千，牛壯山銀五兩，永興號銀一兩五錢，宏泰號、公盛號、通生銅局銀五兩，自興銅鋪各銀二兩，西泰德、新盛銅鋪、源興順記各銀一兩，京都富泉號錢一千，如意號錢一千七百，閆立朝錢一千，公合當行銀二兩，公盛號、敬興號、有裕當、大成號、敬勝當、和成敬記錢三百，北干村銀五兩，東青北錢五千，常家村錢二千六百一十，掌裹村錢二千七百五十，公議窑錢七千，公義當錢二千五百，牛王社錢五千，王□道錢三千，王□□錢五百，弼盛號銀三兩，新盛號、增興號、牛會章、公興煤鋪銀五兩，東泰德、天盛銅鋪、天成牛記、正元銅鋪、新盛號銀一兩，復盛號銀一兩，萬盛號各錢一千五百，誠興當、恒興緞局、南城興各錢一千，王有璋錢一千，西青北錢五千，烏集頭錢三千一百，大鐸村錢二千，上七畝窑錢一千五百，永順號錢一千二百，下井社錢五千，王師民錢一千，程增義錢五百。

（以下碑文漫漶不清，略而不録）

604. 重修碑記

立石年代：清嘉慶二十二年（1817 年）

原石尺寸：高 147.5 厘米，寬 53.5 厘米

石存地點：晋城市陽城縣蟒河鎮桑林村成湯廟

〔碑額〕：重修碑記

邑南皆山也，而莽山尤□，奇奇怪怪，迥出翰墨□□，故《圖經紀勝》曰“望莽”，《郡志》曰“横望”。蓋取青山緑水，雲烟景色，一覽兼收之□。往□□山巔。行山麓析城，西來□巒疊嶂，□峙於後，太行前列，宛若城闕。環山之中，稍平處巋然特立，有湯帝行宮。群峰拱秀，衆水交流，濤聲□湃，洋㳽流澌，遥瞻俯聽，洵稱勝地奇觀，幾忘其爲郊野山林矣。豈但青雲谷試□鋒，擊馬□□□□，石人勝地，足供玩賞已乎。其東偏更有黄龍宫，下有神池，左右鄰里，叩輦求庇者，皆於斯乎是禱。奈歲月□多，□□傾欹，金容剥落，碎滴斷瓴，神無所栖。宰社諸君成廣兆等，與舊首事時定祥等同心戮［勠］力，猶恐資費不給，工程浩大，公舉督工協理成法有等，始終綜理不怠。將大殿高起数尺，兩角殿亦重爲修葺，彼此黽勉，而成廣兆等復出囊資，外修東廡、回廊数椽。斯入廟者，仰瞻殿宇輝煌，聖像莊嚴，庶足以妥神靈肅祀事。余不文，爰據實而爲之記。

府儒學生員李焕章沐手謹撰并書。

（以下功德人員姓名漫漶不清，略而不録）

嘉慶二十二年陽月吉旦敬刊。

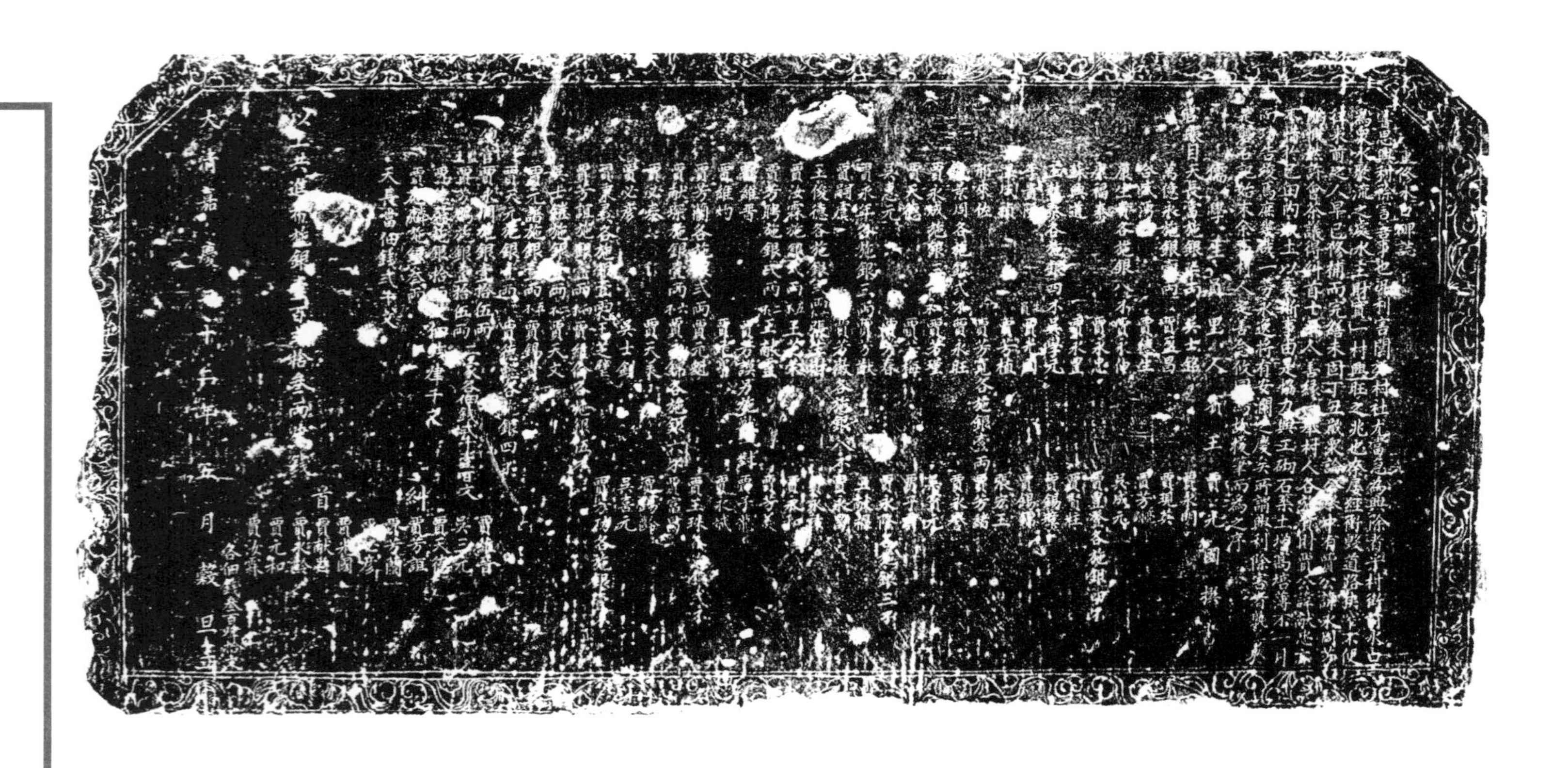

605. 重修水口碑誌

立石年代：清嘉慶二十二年（1817 年）
原石尺寸：高 50 厘米，寬 150 厘米
石存地點：晋中市壽陽縣朝陽鎮賈家溝村

兴修水口碑誌

嘗思興利除害，善事也，况利害關□村社，尤當急爲興除者乎？村街前水口，爲泉水聚流之處。水主財，實一村興旺之兆也。奈屢經衝毁，道路狹窄，不便往來，前之人早已修補，而完繕未固。丁丑歲，衆論公舉中有賈公諱永周芳鵬，慨然許會茶，議得糾首十□人。善緣一舉，村人各施資財，賈公諱献忠亦不惜於己田内取土，以襄斯事。由是協力興工，砌石築土，增高培薄，不一月而功告竣焉。庶幾哉一勞永逸，將有安瀾之慶矣。所謂興利除害者孰□，於是磐石記始末。余□村人之善念攸□焉，故援筆而爲之序。

儒學生員里人賓王賈光國撰書。

管賬目天長當施銀柒兩，萬億永施銀壹兩，合盛涌、康生貴各施銀八錢，康福泰、蘇興道、王執泰各施銀四錢，李貴陞、温成禎、邢來佐、□景周各施銀二錢，賈永成施銀三兩八錢，賈天德、吴惠元、賈永年各施銀三兩，賈嗣虞、王俊德各施銀二兩六錢，賈汝霖施銀貳兩五錢，賈芳聘施銀貳兩二錢，賈維晋、賈維灼、賈芳蘭各施銀貳兩，賈献琛施銀壹兩六錢，賈必泰、賈必彦、賈秉彝各施銀壹兩五錢，賈芳誼施銀壹兩四錢，吴士□施銀壹兩二錢，賈元譜施銀壹兩五錢，賈天元施銀壹兩，總管賈永周施銀壹拾伍兩，監生賈芳鵬施銀壹拾伍兩，二家各佃錢貳千壹百文。賈德□施銀拾兩又佃錢肆千文，賈應麟施銀三兩，天長當佃錢貳千文，吴士銘、賈盈昌、賈德生、賈永伸、賈永忠、賈永豐、吴學元、生員賈光□、賈芳植、賈芳寬各施銀壹兩，賈永旺、賈芳瑾、賈芳梅、賈芳春、賈芳猷、賈芳徽各施銀八錢，張生財、王芝榮、王献靈、賈芳謨另施獸一對，賈元亨、賈元魁、賈永錦各施銀六錢，賈天美、吴士釗、王芝璧、賈維倫各施銀五錢，賈天文、賈錦貴、賈德懿各施銀四錢，賈永明、賈現英、賈芳亮、賈芳顯、吴成元、賈豐登各施銀四錢，賈賢柱、賈錫璋、賈錫錦、張宏玉、賈芳緒、賈永譽、吴寶元、賈子□、賈永隆各施銀三錢，王献樞、賈永昌、賈永□、賈永和、賈芳美、賈子龍、賈永斌、賈玉珠各施銀貳錢，賈富昌、賈錫齡、吴喜元、賈芳功各施銀一錢。以上共進布施銀壹百貳拾三兩肆錢。

糾首：賈維昔、吴三元、賈天德、賈芳誼、賈芳蘭、賈必彦、賈光國、賈献忠、賈永齡、賈元和、賈汝霖各佃錢三百肆拾文。

大清嘉慶二十二年五月穀旦立。

英濟侯廟碑記

陽曲縣境汾水之濱有祠曰英濟侯，俗呼為列石神。蓋里俗傳之訛，取山石分列水從中出而名焉，其實非也。考之圖籍，乃春秋時趙簡子[illegible]犢與舜華齊名，生而烈直，志比秋霜，死也英靈，能興雲雨，里人故立祠祀焉。廟無碑記，年代悠遠，靈異之跡難得而考。詳廟之右有數泉出[illegible]旱焉不乾，水焉不溢，湛然澄澈，可鑑毫髮，深疑神物窟宅隱伏於中。距數步則湍流奔湧，滔滔然勢不可遏，皆乎地多沙漬，邇於河汾[illegible]溉民田，濟物之功不在汾陰昭濟之下矣。或說若時亢旱，則吏民祈禱，無不感應。加以隣道之人，亢陽愆歲，則不遠千里扶老攜幼奉香[illegible]祠下。泰慶請水，起之時到之日，無不雨足。是故一境之內，隣道之民，莫不仰賴。舊廟臨汾流而壽諸泉，宋元豐八年六月二十四日，汾水[illegible]人祈求屢獲感應，守臣敷奏，須賜廟額曰英濟。侯遂令載在祀典，而廟食焉。英濟之名，蓋取生而英靈，死而濟物故也。里諺云：歲無怪風劇雨[illegible]穀菓完實，皆神力也。按孔子家語，孔子至河問，喟然嘆曰：洋洋乎！丘之不濟此之命也。子貢趨而進曰：敢問何謂也？孔子對曰：竇犨、舜華，晉之[illegible]簡子未得志之時，須此二人然後從政，及其得志也而舍之。刳胎殺夭，麒麟不至其郊；竭澤之漁，蛟龍不至其淵；覆巢破卵，鳳凰不翔其邑。君子[illegible]遂還轅作槃操以哀之。於乎！大聖尚當時而賢之，況後世乎？今鄰滄有實城，距廟二十里通德鄉，則神之故城；舜華廟在交城，明其二大夫皆河[illegible]疑矣。

本里學儒苗千寶抄書

功德主：苗平川　苗德望　苗維武　苗萬寶

總管錢糧：苗萬寶　苗德望　于萬基　苗名成　苗克岐　李大全

經理糾首：于宗江　王唐　于利斌　史永昌　苗建全　康大全　連發全　高潤　王斗寶　樊慶　趙大亮　苗保德　王維新　于明　苗騂光　常義　王作霖　苗克輝　苗步全　于輝　趙玉德　連秉仲　常芝發　苗明望　苗鵬昌　王丕純　趙强　苗緒福

鄉約：苗珽增　史正貴　白有彝　張富　白寬　于恒　苗克烈　史天全　苗緒福　苗茂雲　苗萬寶　王高貴　苗[illegible]雨　苗[illegible]軍

和合渠按地畝捐錢肆拾千文

渠長：苗尚賢　苗鵬盛　于萬基　張貴　苗平川　苗茂雲

[illegible]人王[illegible]

石工：[illegible]

畫工：[illegible]

[illegible]工：[illegible]

住持僧來雲　徒[illegible]

嘉慶貳拾貳年歲次丁丑五月　穀旦

606. 英濟侯廟碑記

立石年代：清嘉慶二十二年（1817 年）
原石尺寸：高 190 厘米，寬 78 厘米
石存地點：太原市尖草坪區竇大夫祠

英濟侯廟碑記

陽曲縣境，汾水之濱，有祠曰“英濟”，俗呼爲“列石神”，盖里俗傳之訛，取山石分列，水從中出而名焉，其實非也。考之圖籍，乃春秋時趙簡子臣姓竇……犢，與舜華齊名，生而烈直，志比秋霜，死也英靈，能興雲雨，里人故立祠祀焉。廟無碑記，年代悠遠，靈异之迹難得而考詳。廟之右有數泉出於……旱焉不乾，水焉不溢，湛然澄澈，可鑒毫髪，深疑神物窟宅隱伏於中。距數步則湍流奔涌，滔滔然勢不可遏。惜乎地多沙漬，逼於河汾，不然則……溉民田，濟物之功不在汾陰昭濟之下矣。或説若時亢旱，則吏民祈禱，無不感應。加以鄰道之人，亢陽愆歲，則不遠千里，扶老携幼，奉香火，修□□，俯□祠下，恭虔請水，起之時、到之日，無不雨足。是故一境之内，鄰道之民，莫不仰賴。舊廟臨汾流而靠諸泉。宋元豐八年六月二十四日，汾水漲溢，遂易今廟。邦人祈求，屢獲感應。守臣敷奏，頒賜廟額曰“英濟侯”，迄今載在祀典而廟食焉。英濟之名，盖取“生而英靈，死而濟物”故也。里諺云：“歲無怪風劇雨，民不□□，穀果完實，皆神力也。”按《孔子家語》，孔子至河間，喟然嘆曰：“洋洋乎，丘之不濟，此之命也！”子貢趨而進曰：“敢問何謂也？”孔子對曰：“竇犨、舜華，晋之賢大夫也。趙簡子未得志之時，須此二人，然後從政。及其得志也而舍之。刳胎殺夭，麒麟不至其郊；竭澤之漁，蛟龍不至其淵；覆巢破卵，鳳凰不翔其邑。君子諱其類也。”遂還轅作《槃操》以哀之。孔子大聖尚當時而賢之，况後世乎？今縣境有竇城，詎[距]廟二十里，通德鄉則神之故城，舜華廟在交城，明其二大夫皆河東人，□無疑矣！

本里學儒生苗千寶抄書。

功墊主：苗平川、苗德望、苗維武、苗萬寶。

總管錢糧：苗萬寶、苗德望、于萬基、苗名成、苗克岐、李大全。

經理糾首：于生江、王唐、于利斌、史永昌、苗廷金、康大全、連發金、高潤、王斗寶、樊慶、趙大亮、苗保德、王維新、于明、苗聯光、常義、王作銀、苗克輝、苗步全、于輝、趙玉德、連秉伸、常芝發、苗明望、王尔純、趙强、苗緒福。

鄉約：苗現增、史正貴、白有聲、張富、白寬、于恒、苗克輝、史天金、苗緒福、苗浚雲、苗萬貴、王高貴、苗沾雨、苗秀章。

渠長：苗尚賢、苗鵬盛、于萬基、張貴、苗平川、苗凌雲。

和合渠按地畝捐錢肆拾千文。

鐵筆人：王植。

石工：苗鵬柱、郭廷泰、于利斌、王宇國、郭廷柱。

畫工：王伏義、苗克光、李大德、苗大。

犒工：史天□、王□昌、□□□、苗名成、于萬基、李大全、苗德望、苗克輝、苗萬寶、苗保德。

住持僧：來雲，徒祖□、祖玫、祖玨，孫應□。

嘉慶貳拾貳年歲次丁丑夏六月穀旦。

607. 河橋碑誌

立石年代：清嘉慶二十二年（1817 年）
原石尺寸：高 133 厘米，寬 68 厘米
石存地點：臨汾市洪洞縣堤村鄉楊窪莊村

〔碑額〕：河桥碑誌

嘗思善也者，固属吾人之宜也，然行亦何常之有哉？……以利人行；或願設徒杠輿梁，以免民涉。故建修……村居近汾河，旧有河橋一道，東臨霍州，西届汾邑……嘉慶二十二年，予庄社□神前献戲，四外親友都來□望，□其夜戲……路，人莫能行。時□值郭大□□□首，郭□有、□汝□……慷慨神傷，不忍坐視，聚……理其□□。但財□□力□，□□不足，於是懇央親朋，合上布□，得以采伐其樹木，修成……之光輝也，而實賴親友之成美也。……而涉□可免。……云爾。

（以下人名漫漶不清，略而不録）

時大清嘉慶二十二年八月十五日立。

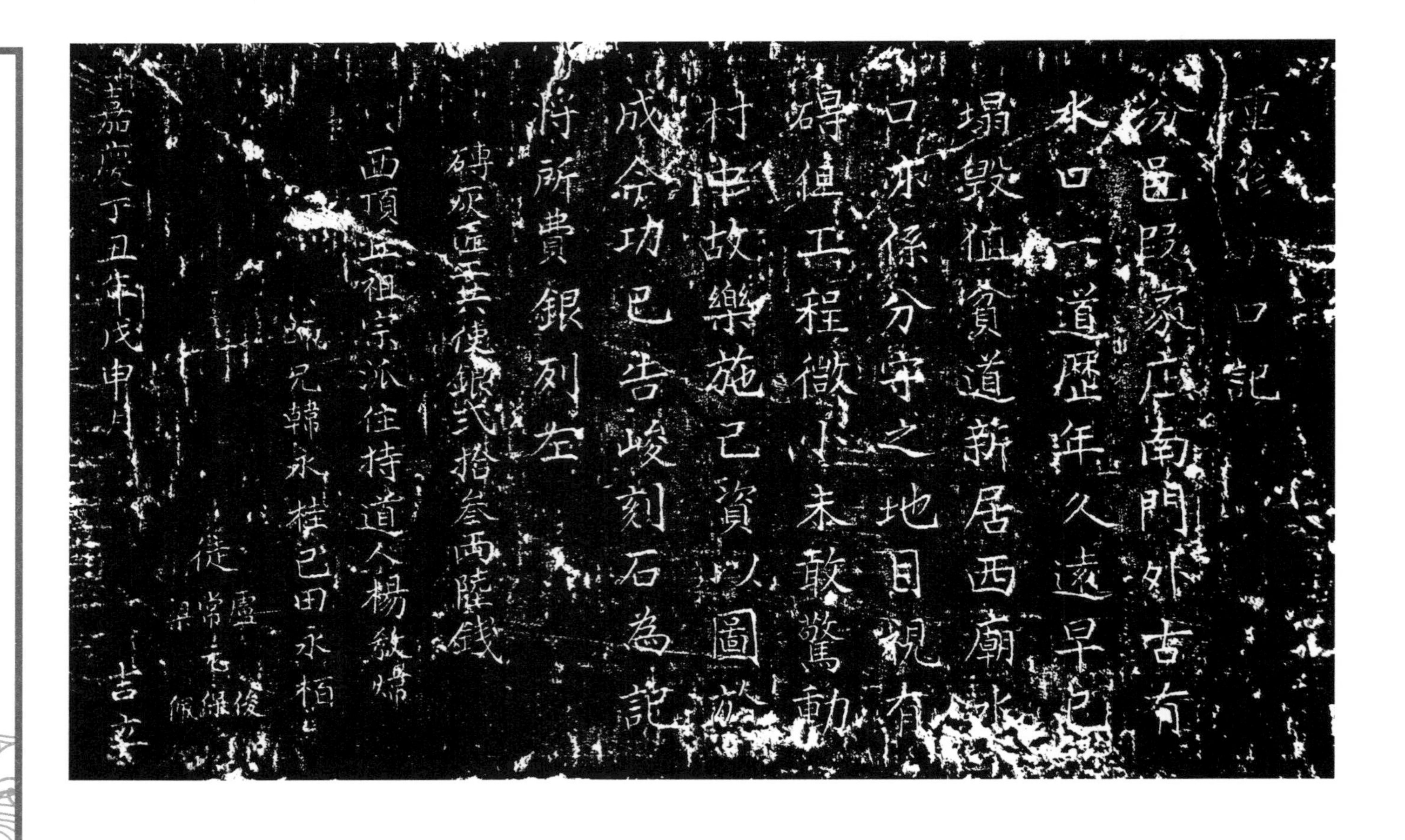
重修[illegible]口記
汾邑賈家莊南門外古有
水口一道歷年久遠早已
塌毀通賓道新居西廟水
口亦係分守之地目視有
碍但工程徵[illegible]未敢驚動
村中故樂施己資以圖于
成今功已告竣刻石為記
將所費銀列左
磚灰匠工共使銀弍拾叁两陸錢
西頂正祖宗派住持道人楊敘嫦
疏兄韓永桂 巳 田永栢
徒 盧俊 常亮 [illegible] 梁 [illegible]
嘉慶丁丑年戊申月 吉立

608. 重修水口記

立石年代：清嘉慶二十二年（1817 年）
原石尺寸：高 30 厘米，寬 50 厘米
石存地點：吕梁市汾陽市三泉鎮段家莊村

重修水口記

汾邑段家庄南門外，古有水口一道，歷年久遠，早已塌毁。值貧道新居西廟，水口亦係分守之地，目視有碍。但工程微小，未敢驚動村中，故樂施己資，以圖於成。今功已告峻［竣］，刻石爲記，將所費銀列左。

磚灰匠工共使銀貳拾叁兩六錢。

西頂丘祖宗派住持道人：楊教煒。

師兄：韓永桂。

己：田永柏。

徒：盧元俊、常元保、梁元佩。

嘉慶丁丑年戊申月吉立。

609. 重修龍天廟創置會銀碑記

立石年代：清嘉慶二十二年（1817 年）
原石尺寸：高 145 厘米，寬 40 厘米
石存地點：吕梁市汾陽市三泉鎮任家堡村龍天廟

重修龍天廟創置會銀碑記

龍天土地者，西晋惠帝時介休令賈侯，諱渾者也。按《晋書》：太安中，劉元……節□。□有所□響，歲賴以豐，□賴以寧，於是神而……龍天，汾州府□屬，□祀之。□祈禱雨……而爲人之英，□□□德澤在民心，節義彌天，□其……以呵□之□者。人既蒙□福，俎豆所爲千□弗替也。汾邑三泉□仁和□之有……里人水旱必禱。八月秋成之際，獻□神。□歲□入不無或豐或歉，而□之獻遂致□□□□。又廟貌傾頽，神像剥落，人之爲久□□，而不□者□矣。自嘉慶丁□，堡人任信古者外出時，知任善政、任纉武臨年輪應，鄉老密囑纉武：如有人□□□□神像，□□修補者，願捐銀貳拾……

610. 龍神廟重修碑記

立石年代：清嘉慶二十三年（1818 年）

原石尺寸：高 200 厘米，寬 80 厘米

石存地點：晋中市壽陽縣羊頭崖鄉石舊村

〔碑額〕：皇帝萬歲

嘗思□□三百六十□□□□長，能大能小，能幽能明。雖山□僻壤，愚夫愚婦，莫不知其爲神，龍之爲靈亦昭昭矣哉！梁餘西所二十里有上白雲村，與附近村庄爲一社。乾隆叁拾肆年創建龍□□一座，并樂楼與西社窑。享祀有地，報賽有文，数十年來三時不害，民和年豐，人之受福無疆其此以乎。迄今風雨飄摇，鳥鼠穿穴，不無傾圮之患。修廢舉墜，在此時矣。丁丑春，合社議有以修之。補茸之舉一倡，各捐資財，各□精力，無不踴躍以從事。越三月，鳩工庀材，踵事增華。修廟宇而廟宇爲之一新，修樂亭而樂亭爲之一變。復起東社窑三眼，以廣其規模。視前人之美盛固何如也。然非衆糾首跋涉他鄉，集腋成裘，亦不克臻此。冬十月告□成功，合社潔粢豐盛，第知竭誠以事神矣，豈復有所希冀？而是歲旱魃爲虐，遠近皆然，惟白雲村一社雨暘時若，頗獲豐稔，安知非龍神之默佑使然乎？是爲記。

邑庠生麻作霖撰，提筆人馬佐山著。

合社糾首：吕正武施銀拾捌兩伍錢，吕門張氏施銀拾伍兩玖錢，趙富年施銀壹拾伍兩，吕正威施銀壹拾壹兩二錢，吕正斌施銀拾兩，吕正科施銀捌兩八錢，侯枝棟施銀柒兩五錢，吕門吴氏施銀陸兩，安滿良施銀伍兩八錢，趙有年施銀伍兩，白應武施銀伍兩，龐廷尚施銀肆兩五錢，吕□成施銀肆兩，吕正財施銀叁兩，吕明忠施銀三兩，鞏伏清施銀貳兩，劉典法施銀貳兩，馬清明施銀□兩，王元仲施銀□兩，吕明旺施銀五兩，趙綿年施銀四兩七錢，劉興財施銀四兩，吕繼林施銀四兩，王學昇施銀三兩，趙存忠施銀三兩，劉成□、劉成□、劉成□施銀三兩，劉成輝施銀三兩，任□□、任元喜施銀三兩，馬元良施銀二兩，趙興□施銀二兩，吕功祥施銀二兩，劉貴明施銀二兩，陳有章施銀二兩，張□□施銀一兩五錢，劉興宇施銀一兩，吕□□施銀一兩，馬佐□施銀一兩，鞏來清施銀一兩，張正□施銀一兩，張永安施銀一兩，侯□□施銀一兩，吕登榮施銀一兩，吕登富施銀一兩，侯門武氏施銀一兩，□生旺施銀一兩，王元信施銀一兩，馬永良施銀一兩，侯茂榮施銀一兩，吕□伏施銀一兩，張山財施銀一兩，張通德施銀一兩，龐滿□施銀五錢，龐滿軒施銀五錢，馮登愷各施銀五錢，□□成施銀□□，□□林施銀八錢，□福昇施銀八錢，吕秀忠施銀五錢，吕□□施銀五錢，□門侯氏施銀五錢，吕登□施銀四錢，□□□施銀二錢，□□良、□□□、王維□、王存玉、王玉元、王存□、張永業、王大美、王生貴、王維太、梁廷元，以上各施銀一錢，馬法佐施銀六錢，魏旺施銀五錢，鞏□寬、鞏懷泰、□□昇、鞏廷□、鞏□□、劉正□、龐□福、王有智、杜文寬、楊山明、張有榮、魏學成、胡永瑞、趙玉還、趙光寶、王進昇、王興用、王有□、王育□、王有存、王益秀、鄭文□、馬永利、大有慶、鞏□□、□□杰、張永進、張登高、王維昌、王滿進，以上各施銀一錢，

陰陽生：安守成；石匠：閻萬福；木匠馬會雲施銀一兩二錢；泥匠趙貴淩施銀一兩五錢；瓦匠閻存立施銀一兩二錢；畫匠：王元高、王元安；券窑人范山富施銀二錢；鐵筆人趙存枝施銀一錢。

大清嘉慶貳拾三年歲□□□桃月穀旦。

嘉慶戊寅榴月穀旦
諱
封里閭村公立

611. 許由弃瓢泉碑

立石年代：清嘉慶二十三年（1818 年）
原石尺寸：高 100 厘米，寬 50 厘米
石存地點：臨汾市洪洞縣廣勝寺鎮封里村

〔碑額〕：永垂

古唐許先生諱由弃瓢泉。

嘉慶戊寅榴月穀旦，封里闔村公立。

612. 重修成湯聖帝廟碑銘

立石年代：清嘉慶二十三年（1818 年）
原石尺寸：高 230 厘米，寬 72 厘米
石存地點：晋城市陽城縣蟒河鎮石臼村湯帝廟

重修成湯聖帝廟碑銘

粵稽邃古之初，肇自鴻濛狉□，歷選列辟，奠定斯民。軒皇以□遐哉□乎，其詳不可得聞已。洎乎宣□，書断唐虞，麟麟炳炳，□蕩無垠，亦□□□□，岣嶁石紐，元圭底績。迨成湯之受命也，神鳥兆祥，聖敬□□，升□□□，耿命丕厘，毗一德於阿衡，式九圍乎氏□，懷生之類，洽浸潤遍……源遐闊，泳口其德，被者鴻矣。天灾流行，旱魃爲虐，悼七載之赫□，勤六事以□□，誠□格天，甘霖沛降乎……沱乎浹旬，軫□艱瘼，雖九年之□，無傷時雍，四載之勤，卒至烝粒，何以异□？陽邑属古冀州，□偃亳爲畿内，地邑東……有成湯聖帝廟，未知創自何時，前人重修者屢矣，但風雨漂剥，殿宇金□，漸就□□。今有本鎮居……衆捐資□化，不数月□得金百数，皆聖帝聲靈赫濯，有以感之也。爰鳩工庀材，甍瓦重新，丹雘……琉璃，共□莊嚴，功成來告。復飭拜殿三楹，東客堂看楼上下一十四間，廟外新創□□一□，□垩……竭，神靈於是乎慰，□□時和年豐，雨暘時若，稷黍介矣，士女穀矣，堂乎皇哉，皇乎堂哉！……增生□强，登山游覽，同鄉趙君永安、郭□名魁、族弟□選，貿易斯鎮，借作北道主人，通功竣勒石。……簡筆，懇辭不獲。伏念□出，□□庇蒙，烈祖鴻休，木本水源，敢委譾劣。恭疏短引，用表寅畏，謹作頌□。

……表正萬方，遇灾而□，祈禱穹蒼，剪爪代□，□身□殃，靈感石□，祥舞尚□，□林……前創後繼，殂□馨香，我來斯疆，傴僂□墻……可祥，□□拜跪，誠恐……

己酉恩科舉人候選知縣借補汝甯府西平縣儒學訓導河南懷慶府孟邑□□郝景潘薰……

（以下碑文漫漶不清，略而不録）

時大清嘉慶二十三年歲次戊寅律仲夷□吉旦闔社同……

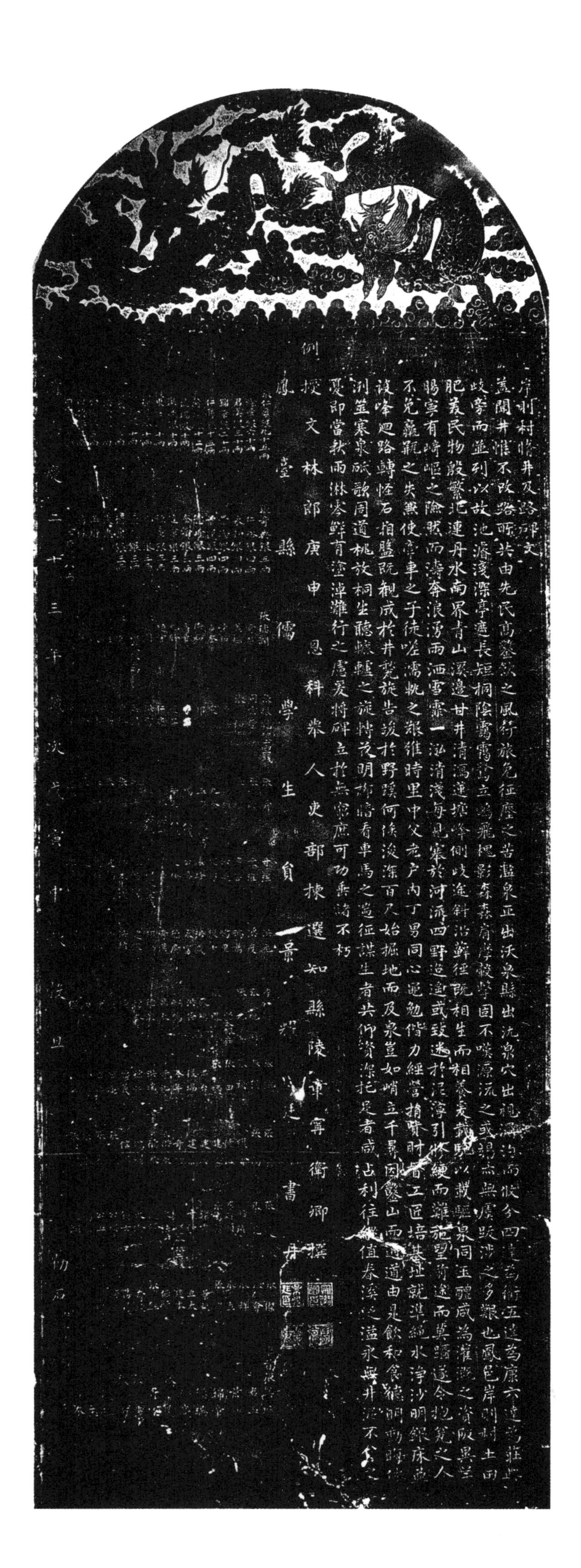

613. 岸則村修井及路碑文

立石年代：清嘉慶二十三年（1818 年）
原石尺寸：高 180 厘米，寬 63 厘米
石存地點：晋城市澤州縣北義城鎮岸則村

岸則村修井及路碑文

蓋聞井惟不改，路所共由，先民高鑿飲之風，行旅免征塵之苦。濫泉正出，沃泉縣出，氿泉穴出，視瀾汋而攸分；四達爲衢，五達爲康，六達爲莊，與歧旁而并列。以故，池浚淺深，亭遮長短，桐陰靄靄，鷺立鷗飛，槐影森森，肩摩轂擊。固不嘆源流之或竭，亦無虞跋涉之多艱也。

鳳邑岸則村土田肥美，民物殷繁，北連丹水，南界青山，溪邊甘井清瀉蓮塘，峰側歧途斜沿蘚徑，既相生而相養，爰載馳以載驅。泉同玉醴，咸爲灌漑之資；阪异羊腸，寧有崎嶇之險。然而濤奔浪涌，雨洒雪霏，一泓清淺，每見塞於河流；四野迢遥，或致迷於泥濘。引修綆而難施，望前途而莫躡。遂令抱甕之人不免羸瓶之失，兼使牽車之子徒嗟濡軌之艱。

維時，里中父老，户内丁男，同心黽勉，偕力經營。捐資財，督工匠，培基址，就準繩。水净沙明，銀床并設；峰迴路轉，怪石相盤。既觀成於井甃，旋告竣於野蹊。何俟浚深百尺，始掘地而及泉；豈如峭立千尋，因鑿山而通道。

由是，飲和食德，明動晦休。洌筵寒泉，砥歌周道。桃放桐生，聽轆轤之旋轉；花明柳暗，看車馬之遄征。謀生者共仰資深，抱足者咸占利往。縱值春溪泛濫，永無井泥不食之憂；即當秋雨淋零，鮮有塗淖難行之慮。爰將碑立於無窮，庶可功垂諸不朽。

例授文林郎、庚申恩科舉人、吏部揀選知縣、陵章甯衛卿撰，鳳臺縣儒學生員景耀廷書丹。

（以下人名漫漶不清，略而不録）

大清嘉慶二十三年歲次戊寅中秋穀旦勒石。

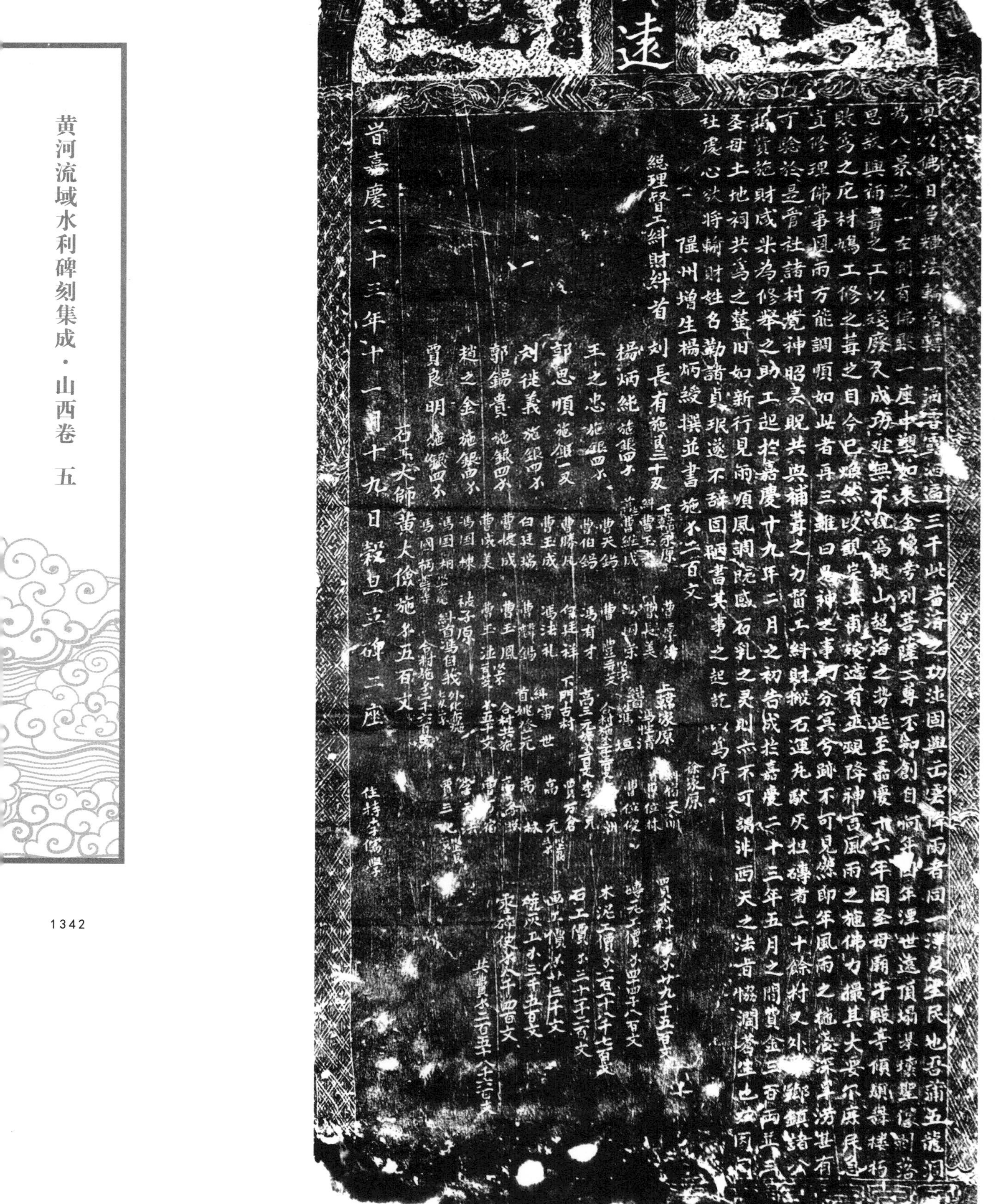

614. 重修五龍聖母廟碑記

立石年代：清嘉慶二十三年（1818年）
原石尺寸：高153厘米，寬63厘米
石存地點：臨汾市蒲縣紅道鄉五龍聖母廟

〔碑額〕：用垂久远

粵以佛日争輝，法輪常轉，一滴甘露，洒遍三千。此普濟之功德，固與出雲降雨者同一澤及生民也。吾蒲五龍洞爲八景之一，左側有佛殿一座，中塑如來金像，旁列菩薩二尊，不知創自何年，因年湮世遠，頂塌基壞，聖像剥落。思欲興補葺之工，以殘廢久，成功難，無不視爲挾山超海之勢。延至嘉慶十六年，因圣母廟宇殿亭傾頹，舞楼朽敗，爲之庀材鳩工，修之葺之，目今已焕然改觀矣。工甫竣，適有巫覡降神，言："風雨之施，佛力撮其大要尔。庶民急宜修理佛事，風雨方能調順。"如此者再三。雖曰鬼神之事幻分冥兮，迹不可見，然即年風雨之施，淺深旱潦，甚有可驗。於是管社諸村，覺神昭灵貺，共興補葺之力，督工糾財，搬石運瓦，馱灰担磚者二十餘村。又外募鄉鎮諸公，捐資施財，咸樂爲修舉之助。工起於嘉慶十九年二月之初，告成於嘉慶二十三年五月之間。費金三百兩，并三圣母、土地祠共爲之整旧如新。行見雨順風調，既感石乳之灵，則亦不可謂非西天之法旨協潤蒼生也。玆因同社虔心，欲將輸財姓名勒諸貞珉。遂不辞固陋，書其事之起訖以爲序。

隰州增生楊炳綬撰并書，施錢二百文。

總理督工糾財糾首：刘長有施銀三十兩，楊炳純施銀四錢，王之忠施銀四錢，郭思順施銀一錢，刘從義施銀四錢，郭錫貴施銀四錢，趙之金施銀四錢，賈良明施銀四錢。

下韓家原糾首：曹玉秀。生員：曹維成、曹天錫、曹伯錫、曹勝凡、曹玉成、白廷瑞、曹□成、曹成美、馮國棟、馮國相、馮國柄，以上各施錢二百七十；曹厚錫、曹長美、馮國榮、曹豐，以上錢二百廿文；馮有才、白廷祥、馮法禮、曹麟錫、曹玉鳳、曹玉德，以上錢一百廿文。

被子原糾首：馮自莪外化布施七兩二錢。合村施錢二千六百文。

上韓家原糾首：馮性清。生□：馮垣。合村施錢二千三百文，高三元施錢二百文。

下門古村糾首：雷世、姚登元。合村共施錢五千文。

徐家原糾首：宿天明、曹位林、曹位俊、□興朝、李□元、賈萬倉、高元，以上銀三錢；高林、高□照、曹萬宿、李天法、賈三化，以上銀□□。

買木料使錢廿九千五百文，磚瓦工價錢四十四千八百文，木泥工價錢一百一十八千七百文，石工價錢三十一千二百文，畫工價錢廿三千文，燒灰工錢三千五百文，零碎使錢八千四百文，共費錢二百五十八千六百文，石工大師黄大儉施錢五百文。

住持李儒學。

時嘉慶二十三年十一月十九日穀旦，立碑二座。

615. 補修廣渊廟宇碑記

立石年代：清嘉慶二十四年（1819年）
原石尺寸：高200厘米，寬68厘米
石存地點：晋城市陽城縣横河鎮析城山湯帝廟

〔碑額〕：補修廣渊庙宇碑記

吾邑濩澤，古勝地也。其南析城，古名山也。山巔湯廟，古聖帝而神者也。按邑乘，析城去縣七十里，其名始見於《禹貢》。元吴澄釋云："山高□，上平坦，□面有門如城，山之得名當以是耳。"所奇异者，峰周四十里許皆如嶂焉。論者謂生氣不聚故爾。爾乃其頂，兩泉澄□，歲旱未嘗忽竭。□又何説？想神靈則□□不□，□□神更有以效其靈者職此，遐迩居民歲虔祈於兹，絡繹弗絶也。廟之昉無可□。宋熙寧九年，河東路旱，委通判王佐望禱於此，即獲靈也。□其事，詔封析城山神爲"誠應侯"。政和六年，詔賜庙額"齊聖廣淵"之庙，加封析城山神爲"嘉潤公"。宣和七年，詔下本路漕司給係省錢，命官增飭庙制，以稱前代帝王之居，而致崇極之意。以其餘資，并修嘉潤公祠，□二百餘楹。金末元初灾於回禄，殘毁幾盡。元帥延陵珍與邑原王等復修之。厥後，代有完葺，載諸貞珉，班班可考。但神宫高踞山頂，風易剥，雨易蝕，不數載而傾圮之患生矣。羽士先師原復昌、王復禎、栖真於此者久，不忍坐視，募諸四方信士。積金銀兩，恐不足用，又捐己資。卜吉鳩工庀材，重立大門并建西房上下十楹，梵院砌路俱以條石爲之。工昉修理正殿，磊補後墻，闔庙搀補，猗與休哉！山門再起，所以肅觀瞻也；磴道重排，所以懷永圖也；增修完□，所以妥神靈也。往者已往，可以繼往也；來者未來，可以開來也。濩澤勝地，信乎其勝也；析城名山，□矣其名也。聖地而神者，□降康其無已也；遐迩居民之被澤承流者，更未有艾也！余官京邸，聞之喜是舉。郵請不敢辭。爰是不揣□陋，濡墨而爲之記。

布衣原得清書丹。

天福鹽號銀四兩，恒源鹽號銀四兩，宏興號銀一兩，總憲坊社錢一千文，公興號錢八百文，大興號錢八百文，增盛號錢八百文，王□社水官錢一千一百文，羊群張立銀十兩，王子彪銀六兩，梁王歆銀四兩，梁會寶銀三兩五錢，暢泰順銀三兩五錢，李文儉銀三兩五錢，郭奉坤銀三兩五錢，張耀彩銀三兩，霍温銀二兩五錢，張成會錢二兩五錢，衛三宅銀二兩五錢，原金山銀二兩三錢，王天收銀二兩，成美福銀二兩，李可恒銀二兩，李可息銀二兩，吴美福銀二兩，李達銀一兩，尚二□、張進洛二人銀二兩，成天識羊一隻，本年羊群布施，原忠林銀三兩五錢，王永計銀三兩，連興隆銀二兩五錢，成天滿、成天明二人銀三兩，鄭倫銀二兩，郭三、王日興二人銀二兩，郭啓銀一兩，許士桃銀一兩，樊永安銀二百文，成天堂銀五百文，李可應銀四兩五錢，侯茂、來進孝二人銀二兩五錢。

住持：李本法、刘本義、張本傳、原本興、閆本和、刘本貴、原本修。

徒侄：郭合松、李合海、刘合信、李合禮、張合學、王合育、李合法、刘合禄、郭合東、吴合仁、茹合雲、樂合倫、李合魁、許合都。

徒孫：尹教林、李教昇、李教軍、李教滿、宋教恩、燕教管、李教倉、苗教壘、茹教宣。

曾孫：張永巧。

玉工：劉斗魁。

大清嘉慶二十四年歲次己卯五月庚午初九日己巳穀旦，同立石。

創修碑記

616. 創建龍王廟并永禁賭博碑記

立石年代：清嘉慶二十四年（1819年）
原石尺寸：高135厘米，寬48厘米
石存地點：長治市黎城縣程家山鎮張家山村龍王廟

〔碑額〕：創修碑記

創建龍王庙并永禁賭博碑記

人無論智、愚、賢、不肖，而入庙莫不思敬者，蓋有神以震慑其□也。夫神之在天下，猶水之在□中，無所□而不有者也，豈有庙□神、無庙遂無神乎哉？顧爾室加□，屋漏滋□，可爲聖賢言，難爲恒人□也。恒人之情，有庙則相與拜跪於其中，□□於其中，□□□於其中，其心亦似乎能誠，其身亦似乎能□，而其人亦似乎皆正人君子。無庙則安其……不衫不履之常而已，惟□其常已也。既無春秋報賽之費，人無□□□□之束，得暇則相與□□，□則相與縱博，耗費日久，於是向之家道殷厚□，□年而貧□矣。□□者既□，即間有一□□□□家□□藏□□□，又安肯□出己資以創立庙宇者乎？嗚乎！此庙之所以終不□也。不唯庙不能立，且風□日以□，□□日以□，吾不……此村之風俗尚□淳樸，此村之貧□尚在屈□。□数歲之中，時和年□，□有山田七頃二十……可以……己資，并以募化所獲，共得錢陸百七拾五千貳□，□□地□起工起飯，創建□境龍王殿三楹，帝君殿三□，牛馬王殿三楹。□□鄉中長者□□作文□□之。合村公□□禁賭博，自□之□倘……

（以下功德人員姓名漫漶不清，略而不録）

合社人等仝立。

大清嘉慶貳拾肆年拾壹月初五日。

617. 人杰杜公修橋施銀序

立石年代：清嘉慶二十五年（1820 年）
原石尺寸：高 170 厘米，寬 68 厘米
石存地點：晋中市太谷區陽邑鄉陽邑村净信寺

〔碑額〕：萬善同歸

人杰杜公修橋施銀序

從來好善樂施，美事也，而人所最難。蓋有心者，未必有力；有力者，又未必有心。求其□善事之費少，而慷慨施資獨任其事者，真難其人也。陽邑鎮於烏馬河有善橋由來已久。始而或助工，或助飯，按地出料。一橋之成，三善必備。經理者恒憚煩焉。後乾隆三十八年，村人於西河溝北口創建河神廟，所以祀神，亦即以爲存橋梁之便。廟成之后，尚有餘銀，公議將此銀倩工修橋，可免助工、助飯、出料之煩。六社輪流經管其事，誠盛舉也！然銀餘有數，而橋費無窮。至嘉慶十三年，而此銀無多。有本鎮人杰杜公者，勇於爲善，慨然施銀三百兩，交社首可擢杜公等手，使之出賬獲息。嘉慶十三年施銀，至二十四年而子母六百有奇。每年獲息而倩工、修橋，足用矣。嗟乎！施銀三百，遂使千萬人來往之橋永遠不廢，人杰公真功德無量者也！佛經云：造橋之人，得種上福德。所求必遂，報以百世，賴其功故也。村人不忍泯其德，爰勒諸石，永垂不朽。

邑庠生鄉飲介賓王映台撰文，國子監監生杜曰寬書丹，郡庠生杜殿賓篆□。

六社經理、糾首公立。

鐵筆張有忠。

大清嘉慶二十五年歲次庚辰桐月中浣穀旦。

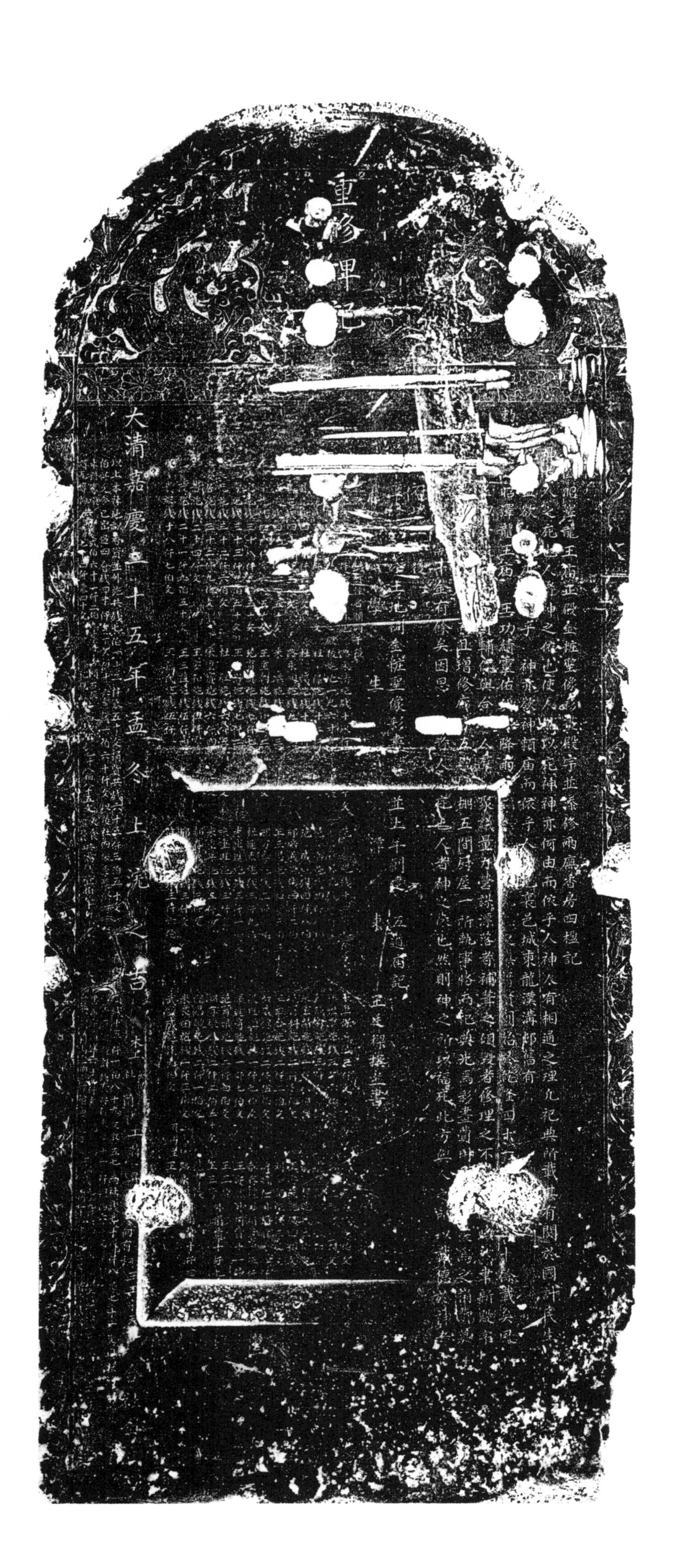

618. 敕護國昭澤龍王廟正殿金妝聖像彩畫殿宇并添修兩廡香房四楹記

立石年代：清嘉慶二十五年（1820年）
原石尺寸：高200厘米，寬58厘米
石存地點：長治市襄垣縣古韓鎮狐燕窩村昭澤龍王廟

〔碑額〕：重修碑記

□□□昭澤龍王庙正殿金妝聖像彩畫殿宇并添修兩廡香房四楹記

神者人之庇也，人者神之依也。使人□以庇神，神亦何由而依乎人？神人有相通之理。凡祀典所載，其有關於國計民生祀□□欲人□□□□乎神，亦欲神賴庙而依乎人□也。襄邑城東龍漢溝村，舊有昭澤龍王庙。王功績靈佑，興□降雨……始於乾隆四十一年，□□□十餘載矣。風足以□□□□，輔仁與合□人群聚議，量力营謀。漂落者補葺之，傾毀者修理之，不□□□，□然聿新。殿宇……而且增修廊□五楹、□棚五間、厨屋一所。執事恪而祀典光焉，彩畫費□□□，□爲之捐資，募□□□□千金餘矣。因思“神者人之庇也，人者神之依也”，然則神之所以福庇此方，與人之所以戴德於神者，□石以□□後。

□□□公土地祠金妝聖像彩畫，并上年創建五道庙記。

儒學生員漳東王廷樑撰并書。

（捐資人及捐資數目漫漶不清，略而不録）

大清嘉慶二十五年孟冬上浣之吉。

619. 白水源詩

立石年代：清嘉慶二十五年（1820 年）
原石尺寸：高 40 厘米，寬 99 厘米
石存地點：晋城市西街街道五龍河西社區五龍廟

高都古潭白水源，誰其疏鑿唐温璠。
陰森怪樹虬枝護，一泓澄碧寒泉翻。
耆艾紛傳著靈异，旱潦致禱典儀□。
祠祭酬庥鑄鐵牌，苔衣浸蝕前朝字。
我莅兹郡属再期，雨暘感孚益神奇。
文榱畫壁瞻廟貌，隱現□□窮幽思。
北宋祥符改元季，□□□□□□時。
□統三年夏□見，憑空□拏鱗之而。
彌綸天地□□□，□□造□□霖雨。
百錢米□占大□，□□麥□人起□。
曾聞□□□水溢，□□□□□陡疾。
怒濤□石□□□，□□□□山氓栗。
□□波□□□□，人□車□行晶宫。
□□□□□門峽，□□□□盈溪□。
祥异千□□□□，風雷□□明□祀。
葉公□好徒□□，至□無形浩淵水。
（以下碑文漫漶不清，略而不録）

620. 賈罕村金龜探水碑記

立石年代：清嘉慶年間
原石尺寸：高 97 厘米，寬 49 厘米
石存地點：臨汾市襄汾縣南辛店鄉賈罕村

〔碑額〕：□萬斯年

……南接太平之境……斯城開斯門而建斯楼焉。日□巡守……金龜探水，頭南尾北，以爲探水之勢。是以離……墻傾頽，門□損壞，以欲修理，工成浩大，未敢造次。遂□月十五日破土動工，城墻□建，門楼拆修，焕然一新。……爲守門之所以防□寇，均享無疆之福，以不負吾昔……

國學生□金鳳撰。

（以下碑文漫漶不清，略而不録）

621. 乙渠碑記

立石年代：清道光元年（1821年）
原石尺寸：高117厘米，寬47厘米
石存地點：運城市河津市僧樓鎮侯家莊村

〔碑額〕：乙渠碑記

特授直隸解州正堂加七級附帶軍功加一級卓异加一級紀録三十七次胡，□移知事案，蒙寓陳批前署州申詳，貴縣民侯有堂□告李休良等一案詳由。蒙批如詳結案，此繳遵依存等，因□□□合抄着移知，爲此照會貴縣，請煩查□，希即傳集兩造，查照断案，公同立碑。仍將查辦緣由見□施行，須至照會者，計粘抄看一紙。覆查該□乙丙二渠，澆灌僧楼西半里民田，載在縣誌，勒之碑記。所謂僧楼□芹里侯家庄、李家堡、□王□□前州胡牧断令，照舊分澆，分屬□允□□家庄在上專用之渠之水，李家堡在下，雖用兩渠之水，而乙渠上滿下流，李家堡亦收其利。侯有堂因乙字渠歸侯家庄独修，未曾分别伊庄專用乙渠之水，因而不肯具遵，向非霸争水利可比。卑職□□侯家庄澆灌乙渠之水，李家堡澆灌丙渠之水，以示區别。乙渠上滿下流，侯家庄不得阻截，李家堡亦不許偷越使水。侯家庄修理乙渠尺寸，仍照嘉慶二年蔡令断案旧式，餘悉照□□原詳，請見□叙緣，奉批飭查詳，理合將訊明断結，緣由同取具，兩造切實遵依。具文詳請憲臺查□，批予飭遵。嘉慶八年閏二月。

□慶二十五年十二月廿三日，於衛東士争使清水一案，衛東士□具甘結。□□甘結人衛東士今□到□太老爺案下。小的稟侯維銀等逞强决水一案，蒙□□明，小的不合，私開渠道，將小的責恕，断令敬□□渠道平塞，各修各渠。至該水價，俱□□討要。小的遵断，遵結是實。本年十二月二十四日，馬兆祥等違断，仍□乙字渠，□販賣清水。崔公二十八日断案，馬兆祥多事之□，胆玩可惡，滿杖示懲，取結完件。馬兆祥甘結。馬兆祥等今具到太子爺案下，□國□寺，以藐法肆行等情控小的等一案。蒙□訊明，小的等不合違断，仍在乙字渠内引水取賣，搬損渠堰，將小的等責懲。小的等再未敢在乙字渠内引水販賣，甘結是實。道光元年正月二十日，刘承法違断，又在乙字渠内販賣清水，薛國玉等稟□崔公案下。蒙批刘承法、劉玉芳等藐断□□，情殊可惡，准飭差協，同該鄉地確勘稟究。刘承法懇吕振邦、周自成遞和息。批既援查明，刘承法等自知悔悟，不□再行販水滋鬧。薛國玉等亦情願息訟，從寬准予銷案，□取兩造遵結送查。因遵依人刘承法等，今具到太老爺案下，薛國玉控小的□，小的不合，從□村乙字渠販賣清水。經衆排解，着小的將伊等化販，再不敢販賣清水。小的遵處□□，遵依是實。

大清道光□年三月立。

622. 重修碑記

立石年代：清道光元年（1821 年）
原石尺寸：高 92 厘米，寬 52 厘米
石存地點：臨汾市古縣岳陽鎮槐樹村龍母宫

〔碑額〕：皇清

重修碑記

有仙則□，山不在高也；有龍則□，水不在深也。我龍母溝有聖母庙一所，創□於洪武之始，重修於嘉靖之年，至□朝亦屢□□，不在安□八景之列，然祈呵護者沉河起，遐□盡蒙其□□□□之爲靈亦昭昭矣。数年……之靈，何以庇神之蔭乎。我五社人等……一新，石崖則屹然峙立。告竣之日，勒諸貞……

又五社人等公議，因前在乞討之流，受累……餓病死者，理應稟官，然無□痕者……倘有賴人告發者，五社公稟。有一社不……

（五社香首芳名略而不録）

道光元年瓜月下旬立……

623. 文子祠重修石堤碑記

立石年代：清道光元年（1821年）
原石尺寸：高172厘米，寬68厘米
石存地點：陽泉市盂縣秀水鎮西關村大王廟

文子祠重修石堤碑記

築堤障河，備水患也。東南之方，其地卑，其水平，而緩患在浸没，故其障之也，但築以土。西北之間，其地高，其水暴而急，患在……异功費殊矣。文子祠，在城西門外百餘步，逾河西北，其河即所謂城西河也。……通爲一院。邑人祈報社禱，皆在是……河干，数十百年以來……之患者，堤之力也。按堤高丈餘，□四丈，長数十丈，上下兩層，□□□□□下。稽之舊碑，創自闕里孔公，閲三十餘年。蔡公踵修之，……餘歲矣。其間補葺……者，□□一次。然歲久剥落，殘缺已甚。兼以前歲龍門之灾，河水漲發，汪淫洶涌，不没祠門者僅五六尺上下，湮没……而堤由是益壞。顧斯祠地形高敞，□北關上游，河自西南來，直□其面，賴堤以禦之；轉而東下，其流稍曲，故其□□□，不特祠有磐石之安。……居民，如楊家坡，如紫河村，如□□巷、□巷等處，咸資保障焉。及今不修，灰沉石爛，是無堤也，無堤是無祠也。無祠而楊家坡、□□村、□□□……之患哉！故爲祠計，堤不可不修；爲沿河一帶居民計，堤又不可不修。於是左右紳耆共議捐資興築，謀之……維時乘山水未發，迅即興工。籌費者捐資於市，督工者輦石於山，多募匠役，星夜操作。經始於辛巳之春……之意也。工既竣，基址仍其舊，長短丈□□数，亦如其舊。而堅厚完固，迥過於昔，可無衝激之患矣。至於……缺壑也，今則幫□矣。樂楼、□□□□□参差剥蝕也，今則整□而完密矣。是又工外之工，費中之費也，不另……輪牛馬有其資；一切經營犒賞，□□雜費有其用。共計銀四百四十兩有奇。其捐助姓名□得，□并紀碑陰……

賜進士出身□□文林郎……府内黄縣知縣前雲南富民縣知縣辛酉丁卯戊辰三科雲……例授文林郎候銓知縣己卯科舉人……

五關募緣鄉約：天成油房、瑞興號、明遠成、大順油店、永順店、永慶堂、長隆永、和順昌、□江、同心號、義和號、王□、趙傳忠、傅天佑、趙□、石□□、胡耀德。

經理人：龐□□。

□□□□維□：□□王通，監生田化□。

□□趙忠□、傅天錫、□景堂。

□□侯存智、監生龐□

□□□□五、劉景成、□□□、石文會、□耀。

□□石□、閆慰。

大清道光元年歲次辛巳仲秋吉旦勒石。

624. 重修禹王廟碑記

立石年代：清道光元年（1821 年）
原石尺寸：高 174 厘米，寬 69 厘米
石存地點：運城市夏縣胡張鄉如意上晁村

〔碑額〕：時清

村西有古廟遺迹，無所考據，至今父老相傳，僉曰禹王廟也。毀壞已久，椽瓦木石無一存者，所遺臺址，亦傾圮不堪矣。鄉人從此經過，莫不目睹傷心而欲爲重建。財無從出。有秦學武奮然起建修之志，鄂縣太平口貿易，募化銀壹拾貳兩柒錢。選舉首事諸公，糾合合村人等，各輸資財，共襄盛事。本庄施銀一百兩，趙思忠募化銀壹拾貳兩伍錢，李文忠等始終經理其事。興工動土，創建正殿三間，立柱上梁。未及貫椽梂棧，神聖顯靈，降藥施丹，醫活多人，四方乞藥者絡繹不絕，数月之間施銀二百有餘。諸公咸喜曰："此神聖欲擴大其功也！"又建前後廊六間，門楼一座，砌以磚石，繪以五采［彩］，妝飾二郎、禹王、藥王三聖神像。肇造於嘉慶乙卯十月中旬間，至庚辰孟冬而告竣。雖曰人力，所謂實神靈之默助也。兹者立石垂久，余□之記。□不能文，取其□之始終而謹誌之。庶幾後之君子漏則補之，廟宇勿使毀壞，損即修之，臺址勿令傾圮，永垂□□。是爲序。

後學李步雲撰并書。

總理：秦學武、李文忠、趙坤元、周顯成、李步雲。

承首：李天時、解夢龍、解天保、解□捷、解天璽、賈興、李步青、趙坤明、崔學恒、王國棟、解如雨、解霖江、解文貴、趙□義、賈廣□。

道光元年孟冬穀旦。

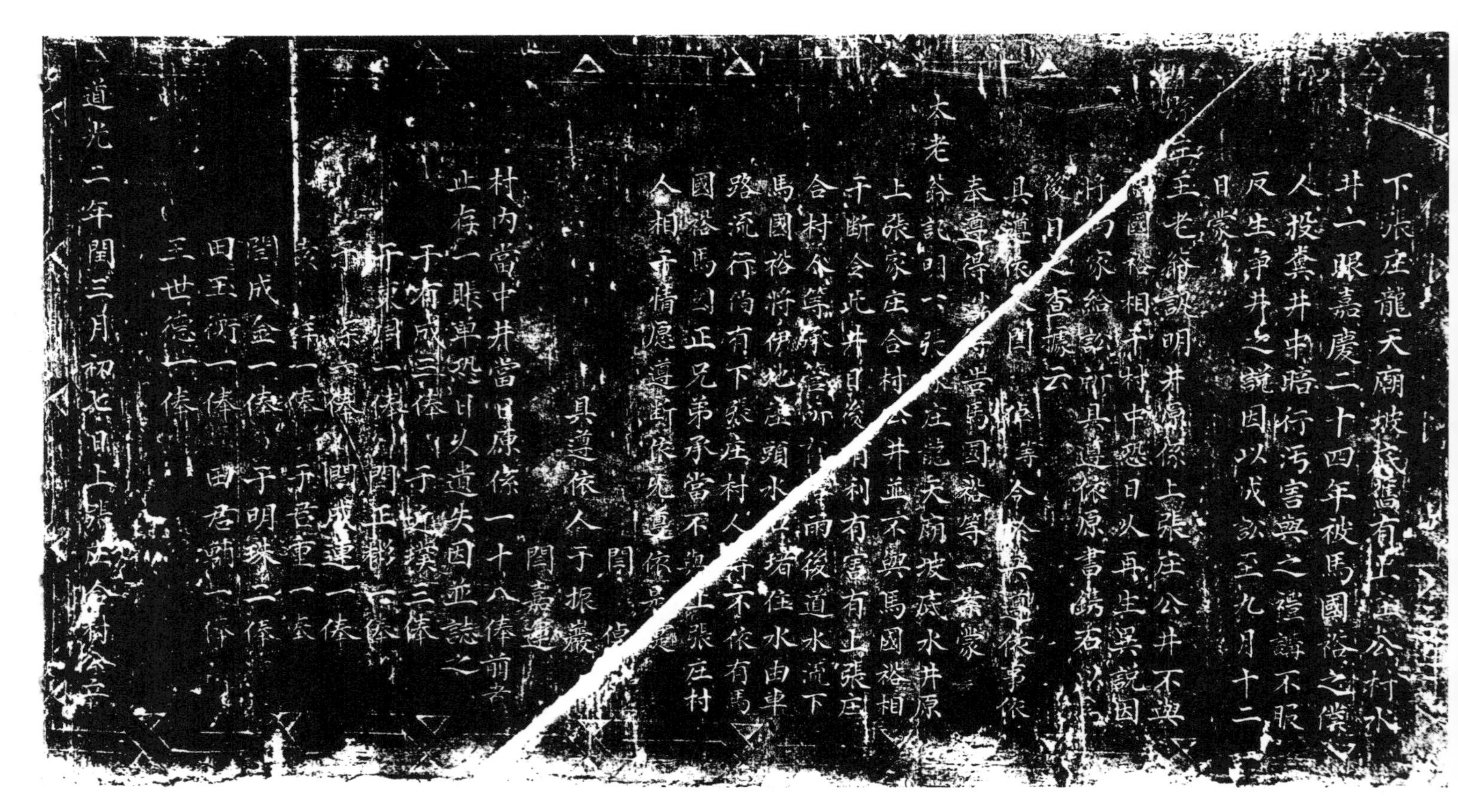

下張庄龍天廟坡底舊有上庄公村水
井一眼嘉慶二十四年被馬國裕之僕
人投糞井中暗行污害與之禮講不服
反生爭井之說因以成訟至九月十二
日蒙
[illegible]主老爺訊明井原係上張庄公井不與
馬國裕相干村中恐日久再生異說因
將兩家給訟狀具遵依原書鐫石以杜
後日之查據云
具遵依[illegible]人閆[illegible]等今於與遵依事依
奉遵得[illegible]當馬國裕等一案蒙
太老爺訊明下張庄龍天廟坡底水井原
上張家庄合村公井並不與馬國裕相
干斷令此井日後[illegible]利有害有上張庄
合村公等[illegible]管[illegible][illegible]雨後道水流下
馬國裕將伊地庄頭水[illegible]堵住水由串
路流行倘有下張庄村人等不依有馬
國裕馬國正兄弟承當不與上張庄村
人相干情願遵斷依允遵依是實
閆[illegible]
具遵依人于振巖
閆嘉運
村內當中井當日康係一十八俸前老
止存一賬單恐日久遺失因並誌之
于甫成三俸 于[illegible]璞三俸
于秉[illegible]一俸 閆正彬一俸
于宗[illegible]一俸 閆成運一俸
[illegible]一俸 于邑重一本
閆成金一俸 于明珠二俸
田玉衛一俸 田君鄭一俸
王世德一俸
道光二年閏三月初七日上張庄合村公立

625. 井訟碑記

立石年代：清道光二年（1822 年）

原石尺寸：高 50 厘米，寬 87 厘米

石存地點：吕梁市汾陽市峪道河鎮上張家莊村姑姑廟

下張庄龍天廟坡底，舊有上庄公村水井一眼，嘉慶二十四年，被馬國裕之僕人投糞井中，暗行污害。與之禮講不服，反生争井之説，因以成訟。至九月十二日，蒙縣主王老爺訊明，井原係上張庄公井，不與馬國裕相干。村中恐日久再生异説，因將两家給訟所具遵依原書鎸石，以爲後日之查據云。

具遵依人閆倬等：

今於與遵依事，依奉遵得。小的等告馬國裕等一案，蒙太老爺訊明，下張家庄龍天廟坡底水井，原上張家庄合村公井，并不與馬國裕相干。断令此井日後有利有害，有上張庄合村人等承管。所有落雨後道水流下，馬國裕將伊地崖頭水口堵住，水由車路流行。倘有下張庄村人等不依，有馬國裕、馬國正兄弟承當，不與上張庄村人相干。情愿遵断依允，遵依是實。

具遵依人：閆倬、于振巖、閆嘉運。

村内當中井當日原係一十八俸，前者止存一賬单。恐日久遺失，因并誌之：

于有成三俸、于近璞三俸、于東周一俸、閆正彬一俸、于深一俸、閆成連一俸、袁祥一俸、于君重一俸、閆成金一俸、于明珠二俸、田玉衡一俸、田君輔一俸、王世德一俸。

道光二年閏三月初七日上張庄合村公立。

626. 重修池橋碑記

立石年代：清道光二年（1822 年）
原石尺寸：高 146 厘米，寬 53 厘米
石存地點：長治市黎城縣洪井鎮霞莊村

重修池橋碑記

村之西南舊有石橋，通往來行人，一村之要路也。橋之左右俱鑿以池，西池□下而擴且長，東池盈則從橋中空流而入……觀音殿，前輩父老重加修葺，紀於碑碣特詳。繼又見東池坍塌，未能永久。我族祖從龍大人與我族叔父文……南俱用石□，工費事繁，村力幾於不支。然猶未計及於橋之修也。厥後，橋石日□，水之流其下者俱從……督工於此時，我胞伯東漢大人、族叔克嗣大人，肩任其事，拆舊補新，竭力營□，水□未□，而工已竣矣！……交，細葉接天，繁枝覆地，里人憩息於此，風颯颯至，鳥啞啞鳴，人謂……取泮水之形，大利益於村曲。此雖堪輿家之言，然細觀其形勢亦良不□。從此磐石永賴，基址維新。橋成而池固，池固……有爲，克繼前修，謂之人杰地靈也可，即……也亦無不可。□□□於後人。

邑學生里人王正□撰，邑庠生里人王□□□□。

（功德人芳名略而不録）

大清道光貳年歲次壬午瓜月。

627. 創建聖母龍神廟碑記

立石年代：清道光二年（1822年）
原石尺寸：高184厘米，寬66厘米
石存地點：晋中市左權縣上交漳村聖母龍神廟

〔碑額〕：創建碑記

創建聖母龍神廟碑記

環□皆山也。州行五十里，其東南諸峰之共向者，交漳也。交漳者何？二川交會之謂也，此自古稱勝地焉。且村前有堂殿廟宇，補助風氣，以故人物頗秀，家室多豐，則知一村之運會，關於山水者半，係於神靈者亦半也。□□嘉慶庚申，山則猶是，而漳水泛濫之灾及廟下矣。村人感神恩之浩大，念古造之艱難，不忍坐視，遂移其神，□其廟焉。然毁之而不别建，□之而不復安，不惟祭天禱雨無其地，祈穀報賽無所依，而抱愧神靈，負咎古人者，猶不□也。幸有糾首□□侯治□□，慨然而出，以爲己任，村人亦與有同志。遂卜吉於村東碧山之前，創建正殿叁間、戲樓三間、東西兩廊陸間。經□於嘉慶辛酉秋，因村小力微，不能遽續，而財資多寡，但以地畝均之，故延於今而功始竣□是也。廟貌巍矣，祭天禱雨有其地；神監赫矣，祈穀報賽有所依。雖美奂宏昌，遠不及古，而建立規模，神必永□以福祉。補助風氣，俗可漸復乎醇謹。豈第慰古人之心志，状一時之觀瞻云爾哉？爰勒之石，惟望後世之人時加補葺，以邀神貺於無窮也。是爲序。

庠生侯瑄敬撰，業儒王九榮謹書。

（以下布施人芳名漫漶不清，略而不録）

大清道光二年歲次壬午秋七月穀旦。

628. 補修龍王山神廟碑記

立石年代：清道光二年（1822年）
原石尺寸：高45厘米，寬60厘米
石存地點：長治市平順縣西溝鄉西溝村龍王廟

蓋聞莫爲之前，雖美而不彰；莫爲之後，雖盛而不傳。矧廟貌壯一邑之觀，尤貴克昌，厥後以纘，乃舊服耶？西溝村居向陽，山環水繞。東十餘步有龍神廟，南山之麓有山神廟，邑之中有祀神房及歌舞樓，皆□制也。自□□以來，歷年久遠，風雨傾圮，殘缺頗多，邑人觸目，增□□久之。道光壬午，思爲起□□□之舉。爰是鳩工庀材，輸財將力。規模既竣，金碧□施，不□旬而焕然復新焉。《祭法》曰：能禦大灾，能捍大患則祀之。夫龍神，司旱澇以庇蔭嘉穀；山神，職守護而呵禁不祥。其是之謂乎？修葺以崇享祀，俾物阜民康，盛事也。因略爲序。

邑庠增生張宗照薰沐撰，男錦書。

（糾首及施財善人姓名漫漶不清，略而不録）

時大清道光貳年歲次壬午仲秋穀旦。

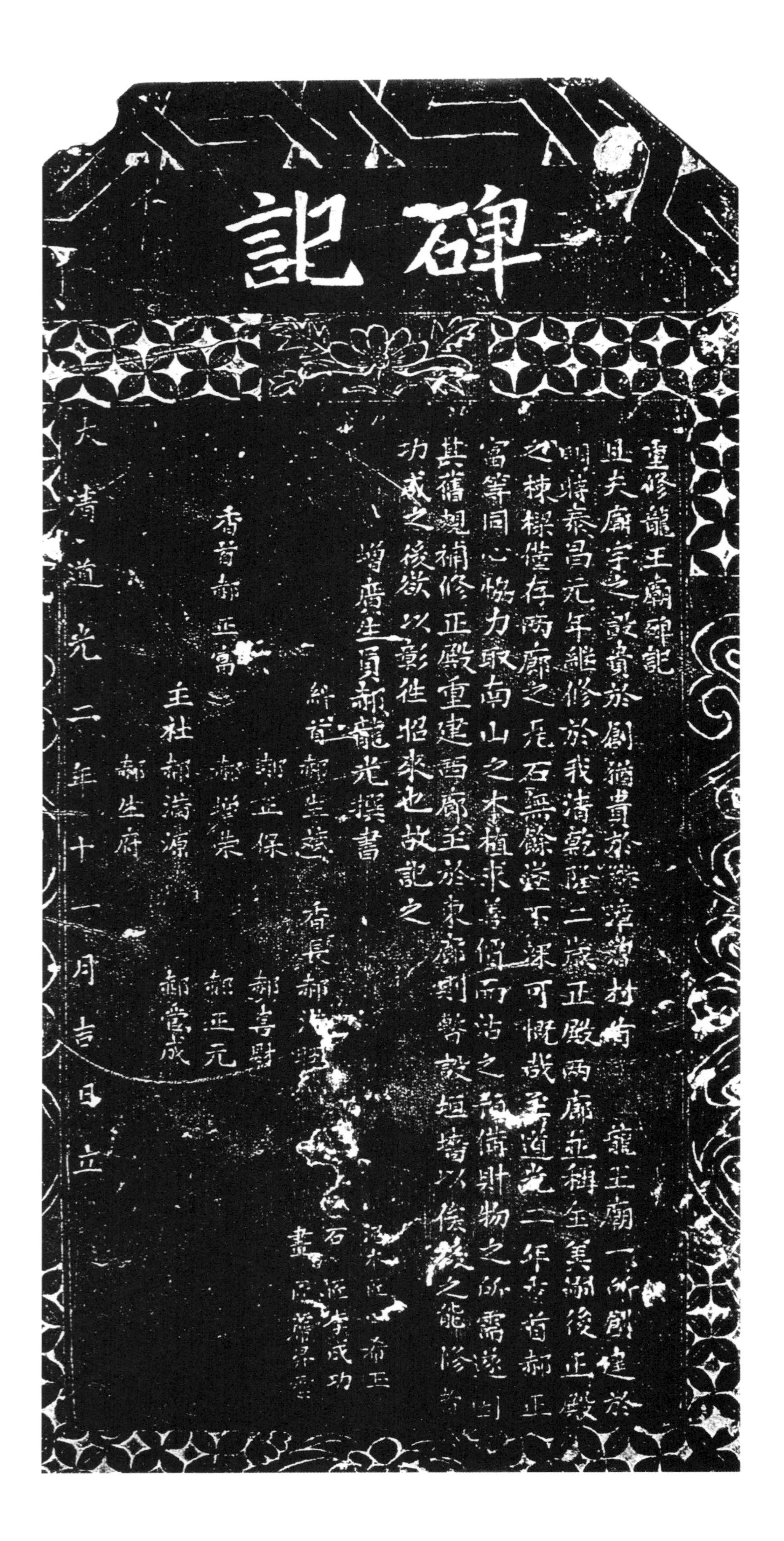

碑記

重修龍王廟碑記

且夫廟宇之設貴於創猶貴於繼[illegible]陰村有龍王廟一所創建於明特森昌元年繼修於我清乾隆二歲正殿兩廊並稱全美嗣後正殿之棟樑僅存兩廊之瓦石無餘從下深可慨哉至道光二年香首郝正富等同心恊力取南山之木植求善價而沽之預備財物之所需遂同其舊規補修正殿重建西廊至於東廊則磐設短墻以俟後之能修者功成之後欲以彰往招來也故記之

增廣生員郝龍光撰書

大清道光二年十一月吉日立

629. 重修龍王廟碑記

立石年代：清道光二年（1822 年）
原石尺寸：高 82 厘米，寬 42 厘米
石存地點：晉中市左權縣芹泉鎮漳漕村龍王廟

〔碑額〕：碑記

重修龍王廟碑記

且夫廟宇之設，貴於創，猶貴於繼。漳漕村有龍王廟一所，創建於明時泰昌元年，繼修於我清乾隆二歲，正殿兩廊，并稱全美。嗣後正殿之棟梁僅存，兩廊之瓦石無餘，豈不深可慨哉？至道光二年，香首郝正富等同心協力，取南山之木植，求善價而沽之，預備財物所需。遂因其舊規，補修正殿，重建西廊。至於東廊，則暫設垣墻，以俟之能修者。功成之後，欲以彰往昭來也，故記之。

增廣生員郝龍光撰書。

香首：郝正富。

糾首：郝生斌、郝正保、郝增榮。

主社：郝滿源、郝生府。

香長：郝□旺、郝喜財、郝正元、郝管成。

泥木匠：□希玉。

石匠：李成功。

畫匠：□昇雲。

大清道光二年十一月吉日立。

630. 景明林交二村争水案碑記

立石年代：清道光二年（1822年）
原石尺寸：高130厘米，寬100厘米
石存地點：臨汾市曲沃縣北董鄉景明村龍岩寺

〔碑額〕：万古不礶

嘉慶戊寅年二月二十九日，渠長□□□□按規□夫掏渠，被景明村郭圪列入洞阻□，有碍興工。經渠長……民梁元成乘隙竊水，旋經報案，蒙彭□堂訊，將郭圪列□責，梁元成杖□。不意□玉文……盛爲渠長，梁錫五作扶幫，捏添郭圪列爲□洞□夫，□控上憲。蒙道憲……有盛掌責，伊等仍□前□，三載不息。嗣□渠長□□□□、公直原登元等……撫憲行轅，□□河東道憲，轉委□津□崔天勘□。蒙崔天親□訊斷……看得曲沃縣民上官登雲等赴□□行轅，呈控梁玉文等阻撓□渠……交村、景明村二村均灌景明村東南沸泉之水，分爲上、中二渠，林交爲上渠…… 洞進口入渠，中渠渠口即趙家口，□順流而下，中渠水口之下，景明村設有水……長進洞查驗，□無燈夫之役。嘉慶二十三年□渠時，景明村渠夫郭圪列□□□□入洞……前署曲沃縣彭令訊明，將郭圪列等責□□案。……因中渠水口……提質訊，斷令中渠水口另……詳蒙……心未□□，□□興工修渠，并牽□燈夫名目，□□□□添設燈入□驗□……奉前……委勘未結，而林交村……景明村水……馳抵曲沃，提□兩造人等，□□勘訊，得□前情。查中渠水□，既蒙□□核定尺寸，□令另易□□，自應遵照辦理。隨對同兩造核定□□，斷令……七分，高一尺二寸，厚一寸。飭令鐵匠趕緊如式鎔鑄，糾集兩村渠長公同安置，以防日久衝缺。景明村水磨，□令暫時停止，□渠工修竣後，□□動用。每年掏渠□□會同兩村渠長進洞驗工，景明村不得額外添設燈夫，致肇争端。兩造均各遵斷□□，情願即日興工修□，立番使水。梁有盛等□捏燈夫名目，控詞失實，上官登雲等不候委員勘斷，砌詞瀆控，均有不合。姑念所争水利，尚屬因公起見，且一經□□□訊，皆俯首聽斷，毫無□□，情尚可原，應請從寬免議。案已訊明，未到人證，并免提□，以省拖累。□□□曲沃縣……另文□□，并將一千人等省□外，擬合照□遵結……

大清道光二年十二月□□闔莊同立。

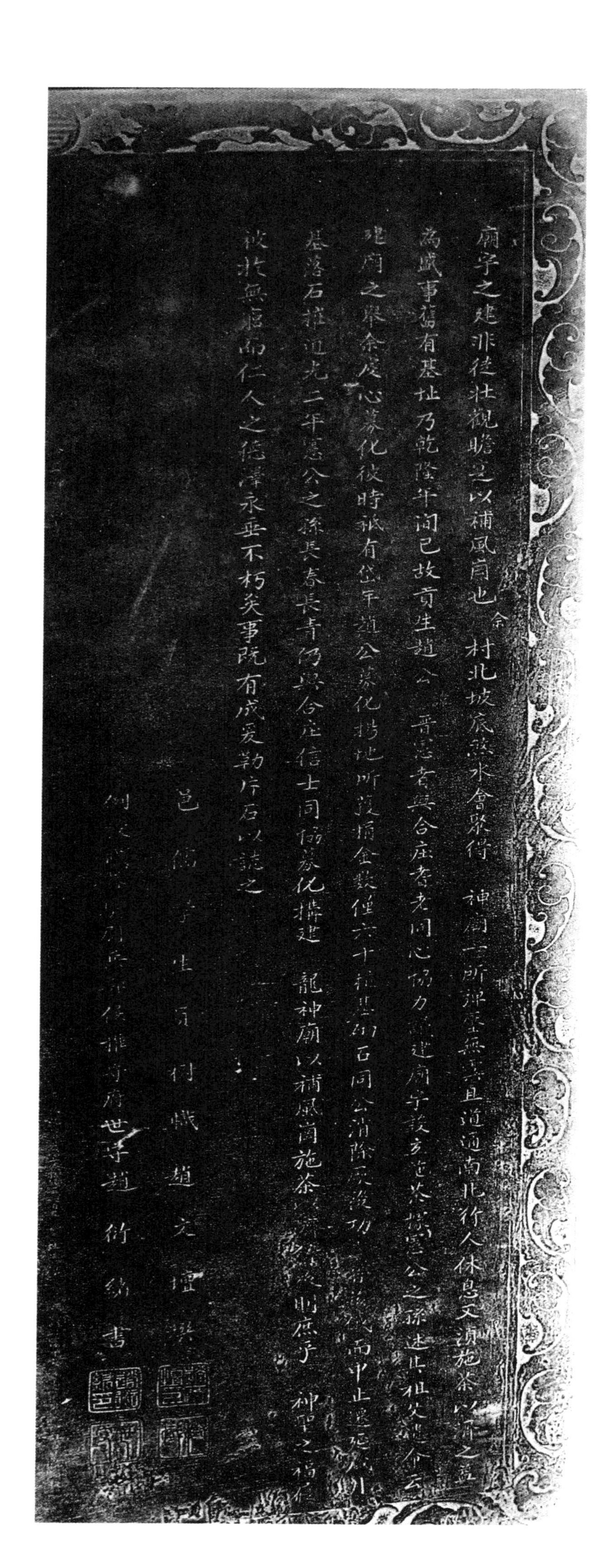

廟宇之建非徒壯觀瞻並以補風脉也余 村北坡底滾水會衆行 神廟一所[illegible]無[illegible]且道通南北行人休息又須施茶以濟之豈

為盛事舊有基址乃乾隆年間已故貢生趙公 晋忠者與合庄耆老同心協力創建廟宇設立茶棚[illegible]公之孫述其祖父遺命云

[illegible]廟之舉余及心慕化彼時祇有錢[illegible]趙公募化捐地所獲捐金數僅六十[illegible]而石同公消除[illegible]功[illegible]而中止遷延[illegible]

基落石推道光二年憲公之孫長春長青仍與合庄信士同協募化搆建 龍神廟以補風脉施茶以[illegible]庶乎 神聖之福佑

被於無疆而仁人之德澤永垂不朽矣事既有成爰勒片石以誌之

邑儒學生員村職趙文壇撰

例授[illegible]世守趙衍緒書

631. 修建龍神廟碑記

立石年代：清道光二年（1822年）
原石尺寸：高186厘米，寬86厘米
石存地點：臨汾市襄汾縣趙康鎮東汾陽村神道溝

廟宇之建，非徒壯觀瞻，實以補風崗也。余村北坡底煞水會聚得神廟一所，彈壓無□，且道通南北，行人休息，又須施茶以濟之，益爲盛事。舊有基址，乃乾隆年间已故貢生趙公諱晋憲者，與合庄耆老同心協力議建廟宇，設立施茶。據憲公之孫述其祖父遺命云建廟之舉。余虔心募化。彼時衹有岱年趙公募化揚地，所獲捐金数僅六十。植基砌石，同公消除，厥後功□□□俄而中止，遷延歲月，基落石摧。道光二年，憲公之孫長春、長青仍與合庄信士同協募化，構建龍神廟，以補風崗，施茶以濟行□。則庶乎神聖之福，履被於無窮，而仁人之德澤，永垂不朽矣。事既有成，爰勒片石以誌之。

邑儒學生員樹幟趙文檀撰，例□□□□尉兵部候推守府世守趙衍緒書。

632. 寨溝葦池碑記

立石年代：清道光二年（1822 年）
原石尺寸：高 76 厘米，寬 44 厘米
石存地點：長治市長子縣丹朱鎮西上坊村

寨溝葦池碑記

本村有古寨一所，年遠破壞，合村起土，日久成池。糾首公議種葦，以佐成湯廟賽費之資。不料村中賈三孩突生妄念，於道光二年將村中糾首控於丁太爺案下，誣賴社地爲伊地。蒙太爺當堂訊明，將伊責處，具結存案。糾首公議，同村保將池地丈量，東西□卅一步，南北長陸十步，西邊車路通南北官道。立碑載明，作爲確據。後之衆庶入廟而觀碑記，則入目□□矣。

十五家糾首同村保公立。

[illegible]東門山周宮檢十有二[illegible]五年[illegible]人黄山張翼書　江蘇徐州府邳州知州辛酉科舉人西山崔[illegible]

[illegible]吉紀[illegible]二年[illegible]大茂宗果堅毅云大茂本名[illegible]以須湯禱澤而名不言澤而言大濩章之大韶韶之大夏之大武之大濩之也桑林之名在[illegible]

五月偪陽之戰宋享晉侯請以桑林遊[illegible]入於旁亦號之也寰宇記[illegible]桑林為澤之析城濩澤在其北地本相近[illegible]者一樂一舞當年[illegible]同部與古[illegible]人深矣澤民禱祀成

湯而南巴姿廟建於金大定元年乙丑[illegible]廟[illegible]於金明昌五年甲寅也因宜然皆無此於薄荷泉[illegible]荷泉[illegible]稱[illegible]

聖[illegible]巴歲云里許聖王檣稱廟也元皇慶二年帝在上都元旱詔求翰林[illegible]鉅夫以湯禱桑林事對詔令天下郡邑山川皆建湯廟巳人[illegible]地勢[illegible]建廟稱聖王者以析城為古桑林[illegible]

稱聖王坪旋巳南廟[illegible]聖[illegible]嶺稱聖王嶺環林栽桑[illegible]呼為桑園做聖王坪為桑林舊制也明嘉靖三十四年後乙卯丙辰連年地震山前廟頹于巳南巳丙午舉人[illegible]崇慎備者[illegible]

巳[illegible]元[illegible]南[illegible]地多廿泉泉多薄荷旋名為[illegible]千二[illegible]甲午重修

[illegible]順治二年乙酉地逆賊掠焚祀特甚文昌殿中[illegible]人中其倫順治戊子劇楊焉之[illegible]辰進士知界陽縣事[illegible]知[illegible]龍二家倡脩正殿七年庚寅南巳脩東央東廡北巳脩西夾西廡宮莊[illegible]

東南西南兩隅中建山門始猶[illegible]崚[illegible]七十年而水樹石楣祠成魁陵深山古蹟寒水酸風無鄉廣社至此不其極哉然而歲逢三三六六老嫗短棺為尸老歸頭主[illegible]

無尋於酒醫則饑年在所典禮存斯民好德之良[illegible]聖人愛禮之意其心有勃勃難危者道光元年辛巳正月

[illegible]郡省郡邑重脩社廟壇墠以示更新巳僧[illegible]青雨巳官莊紳耆[illegible]議與工除按畝醵錢外余又蹟謁名門韓[illegible]都會命工[illegible]舊迹起石易基而[illegible]建之起辛巳七月迄壬午十月而竣社[illegible]

[illegible]謂功崇勒石余考古宗伯祀典三曰天曰地曰人明禮志祀典二曰天下通祀曰一方專祀正殿商王克寬克仁元妃有華傳首[illegible]女典屬於[illegible]配[illegible]山白龍唐封靈顯侯宋封顯聖王[illegible]

在[illegible]典屬於地右配[illegible]則初[illegible]人壽七日昇天說出柳洲典屬於天正殿左右東剏風伯雨師雷部亦附於天帝之日月星辰也西夾陶唐尉正帝昇周祖五穀后稷屬[illegible]

三聖帝[illegible]附於[illegible]明王[illegible]池[illegible]池神[illegible]嘉潤公東西[illegible]十二水神唐天之志稱[illegible]環五衛中[illegible]水畔周[illegible]十二水神山神[illegible]山土地[illegible]地皆附於地[illegible]山林川

澤也而皆[illegible]在[illegible]洪[illegible]王[illegible]祀[illegible]民不興焉而[illegible]祀等之主[illegible]物之罷焉者以澤為桑林禱而[illegible]皇歷來專祀湯為通祀自天子至庶人皆得祀之至

道光[illegible]午[illegible]五[illegible]二十[illegible]後[illegible]脩而終於[illegible]者[illegible]無人也今[illegible]門左右向南開地一段計南北深各丈一東西長各二丈增建[illegible]廟二所以備典守者

[illegible]之地[illegible]今[illegible]典祀[illegible]用[illegible]募緣首[illegible]姓氏記之以垂久遠　時道光三年癸未正月望日也

633. 薄荷泉聖王廟重修記

立石年代：清道光三年（1823 年）
原石尺寸：高 200 厘米，寬 68 厘米
石存地點：晋城市澤州縣巴公鎮南山村

薄荷泉聖王廟重修記

《竹書紀年》：湯二十四年，旱，王禱桑林而雨；□□五年，作大濩樂畢。《堅毅》云，大濩本名濩澤，以頌湯德澤而名。不言澤而言大，猶章之大韶，箭之大夏、之大武、之大尊之也。桑林，舞名。《左》襄十年五月偪陽之戰，宋享晋侯，請以桑林，題以□夏，□悼驚退，入於房，亦敬之也。《寰宇記》云，桑林爲澤之析城，濩澤在其北地，本相近；二者一樂一舞，當年或同部，與古樂入人深矣。

澤民遍祀成湯，而南巴湯廟建於金大定元年辛巳；北巴湯廟建於金明昌五年甲寅也。固宜然皆無與於薄荷泉。薄荷泉廟，稱聖王者，舊巴南二里許聖王嶺舊廟也。元皇慶二年，帝在上都，亢旱，詔求弭灾。翰林程鉅夫以湯禱桑林事對，詔令天下郡邑山川皆建湯廟。巴人卜地南嶺建廟，稱聖王者，以析城爲古桑林，後稱聖王坪，故巴南廟稱聖王廟，嶺稱聖王嶺，環林栽桑，傳呼爲桑園，倣聖王坪爲桑林舊制也。明嘉靖三十四年後，乙卯、丙辰連年地震，山崩廟頽。丁巳，南巴丙午舉人王敬字慎修者，統兩巴移建，嶺南一里地多甘泉，泉多薄荷，故名。萬曆二十二年甲午重修。

國初順治二年乙酉，地經賊掠，荒圮特甚。文華殿中書舍人申其倫，順治戎子副榜馮之駿，壬辰進士、知略陽縣事馬如龍二家倡修正殿。七年庚寅，南巴修東夾、東廡，北巴修西夾、西廡，官莊修東南、西南兩隅，中建山門，始猶歲時祈報如禮。

越百七十年而水衝石塌，祠成魁陵深山古迹，寒水酸風，蕪鄉廢社至此不其極哉。然而歲逢三三六六，老媪短帬爲尸，老婦蓬頭主祭，盛於盆，尊於酒，譬則餼羊，在而典禮，存斯民好德之良，即聖人愛禮之意，其心有勃勃難已者。

道光元年辛巳正月，詔都省郡邑重修社廟壇墠，以示更新。巴僧元平請兩巴、官莊紳耆公議興工，除按畝醵錢外，余又疏謁名門，驛馳都會。命工廓清舊迹，起石易基而重建之。起辛巳七月，遞壬午十月而竣。社人謂功宜勒石。

余考古宗伯祀典三，曰天、曰地、曰人。《明禮志・祀典二》曰天下通祀，曰一方專祀。正殿商王克寬克仁，元妃有莘傳首《列女》，典属於人。左配崦山白龍，唐封靈顯侯，宋封顯聖王，載在郡志，典属於地。右配澤州郊亭白龍，則初謫入寺，七月升天，説出柳洲，典属於天。正殿左右，東夾風伯、雨師、雷部，亦附於天等之日月星辰也。兩夾陶唐、射正、帝羿、周祖、五穀、后稷、唐宗、蝗王、聖帝，亦附於人等之聖帝明王，古者聖賢也。院中池神，宋封嘉潤公。東西廡十二水神，《唐天文志》稱璿璣玉衡。中設水準，周圍護以十二水神、山神、守山土地，略地皆附於地等之山林川澤也，而皆統于成湯。湯廟古在亳都，周漢來□王世祀勿替，臣民不與焉。而濩澤專祀等之王亳，勿之罪焉者，以澤爲桑林禱雨處也。元皇慶來，蒿米專祀易爲通祀，自天子至庶人皆得祀之。至道光壬午，經五百有二十年矣。當年亦奉敕公建，後屢壞屢修而終於廢弛者，典守無人也。

今公議，山門左右向南開地一段，計南北深各丈二，東西長各二丈，增建齋厨二所，以備典守者焚修歇□之地。繼自今守典承體典祀，或不至廢弛乎？

用舉捐資、募緣、督工，分理諸公姓氏記之，以垂久遠。

大同府學訓導、甲寅科舉人、東門師周官撰，時年七十有二。壬午科舉人、黄山張翼書。江蘇徐州府邳州知州、辛酉科舉人、可山崔志元篆。

時道光三年癸未正月望日也。

634. 補修青龍廟碑記

立石年代：清道光三年（1823年）
原石尺寸：高168厘米，寬70厘米
石存地點：吕梁市汾陽市賈家莊鎮古浮圖村

〔碑額〕：永垂

補修青龍廟碑記

青龍廟，三甲之公地也。明朝始建，次而改修，又次而建立楼閣，以及起酬神献戲之舉，俱有碑誌，無容再續。但近時人情不古，将前所積荒失一空，毫厘無望。廟貌雖存，風雨損傷；穿廊倒塌，西廊拆損；垣墻低矮，聖像催［摧］殘。見者感傷，因而同事数人，相商出疏募化，共成盛事。恭請村中商賢一二十位，訴叙其情。蒙諸翁慷慨應諾。上托神靈默佑，下頼諸賢鼎力，屡次修補，彩畫金妝，三年有成，一一告峻［竣］，依然全新。□不敢云改俗遺風，聊亦不墜前賢建立之苦志云爾。

國子監太學生成三鳳聚祥敬□……謹立。

（以下人名漫漶不清，略而不録）

時大清道光三年歲次癸未八月辛酉初旬穀旦立。

635. 重修井碑記

立石年代：清道光三年（1823年）
原石尺寸：高47厘米，寬47厘米
石存地點：臨汾市襄汾縣新城鎮南村

重修井碑記

嘗思事不論大小，益人者貴；功不問細巨，告竣者最。前社舊有井一眼，年□日久損壞，幾爲舊井不食矣。忽於道光三年，集衆公議，每口攢銀伍錢，仍復修理，而井水□溢。此乃爲本社人計，非爲外人設也。自今以後，外社人等或搭轆轤，或輪挨絞水，總要所候本社人絞過，乃準取水。此非欺人太甚，實爲自顧不暇。乃爲序。

經理人：馬思温、王槐、王忠威、馬爾志、王榮、郭廷璧、馬思瑛、趙錦綉。

王希文施銀拾貳兩，趙錦綉施銀六兩，郭廷璧施銀伍兩，馬思瑶施銀伍兩，馬爾志施銀肆兩，王希勤施銀肆兩，□漢璧施銀三兩伍錢，王檀施銀三兩伍錢，王希恭施銀三兩伍錢，馬爾鏗施銀三兩伍錢，王希孔施銀三兩，王忠杰施銀貳兩伍錢，王秉精施銀貳兩伍錢，王興盛施銀貳兩伍錢，王忠壽施銀貳兩，王孟蘭施銀貳兩，馬思倫施銀貳兩，馬希授施銀貳兩，王孟林施銀貳兩，王興敖施銀貳兩，王興隆施銀貳兩，王秉秀施銀壹兩伍錢，馬爾岱施銀壹兩伍錢，劉正心施銀壹兩伍錢，馬希泰施銀壹兩伍錢，王孟祥施銀壹兩伍錢，馬狗驢施銀壹兩伍錢，王希聖施銀壹兩，王孟芝施銀壹兩，王希成施銀壹兩，馬希魁施銀壹兩，王孟俞施銀壹兩，王金貓施銀壹兩肆錢，馬思俊施銀伍錢，馬希程工銀伍錢，馬思喬工銀貳錢，王寅興工銀口口，王學詩工銀貳錢，王秉乾工銀壹錢。

鐵筆匠衛罡蛟刊。

大清道光三年九月吉日立。

山高水長

重修□神歇馬殿碑記

南頭村在縣治西北八十里舊有

晋大夫伯行狄公歇馬殿其創建年月已無可稽□公交之郝波人即今縣治

是也英□馬鞍山建廟祀之歷有年所仁義智勇昭垂史策無庸贅述歷

代崇封爵至侯爵迄今二千餘年香煙不衰愈見神之靈應無已也所

謂生而為人之英歿而為神之靈者其斯之謂與惠澤仁風相洽汾晋

遇雨暘不時亢陽漸甚民輒禱禱輒應如子弟之呼父兄罔不忍莫視也

每歲七月闔邑迎神北戶祭祀沿村報賽神山設會之稅均為血食

之資吾村脉接神山近連左脇至會後首□對吾村雖非□神久妥

之地實係神佇□脚之鄉此歇馬殿之創建有由来矣第越歲已久風雨

摧殘河水淹没正殿廟廊漸次剥落鐘鼓樂樓傾圮堪虞村中耆老以此

神所往来觀瞻係焉爰諏吉興工舊者易之以新卑者增之使高補

闕救弊越明年告竣當年大觀煥然復新是役也所費千餘金毫無掣肘賴

四方善士各傾金囊共襄事非神默佑曷克臻此因備述神靈之

感應亦以誌人心之樂善云爾　庠生郝威煥撰並書

道光三年歲次癸未小陽月穀旦

636. 重修狐神歇馬殿碑記

立石年代：清道光三年（1823年）
原石尺寸：高140厘米，寬65厘米
石存地點：太原市古交市常安鄉南頭村狐神廟

〔碑額〕：山高水長

重修狐神歇馬殿碑記

南頭村在縣治西北八十里，舊有晋大夫伯行狐公歇馬殿。其創建年月，已無可稽。公，交之却波人，即今縣治是也，葬於馬鞍山，建廟祀之，歷有年所。仁義智勇，昭垂史策，無庸贅述。歷代崇封，褒至侯爵，迄今二千餘年香烟不衰，愈見神之靈應無已也。所謂生而爲人之英，歿而爲神之靈者，其斯之謂與？惠澤仁風，相洽汾晋，遇雨暘不時，亢陽漸甚，民輒禱，禱輒應，如子弟之呼父兄，固不忍莫視也。每歲七月，闔邑迎神，比户祭祀，沿村報賽，神山設會之税均爲血食之資。吾村脉接神山，近連左腋，至會後，首過□村。吾村雖非神久妥之地，實係神佇脚之鄉，此歇馬殿之創建有由來矣。第越歲已久，風雨摧殘，河水湌没，正殿、厢房漸次剥落，鐘鼓、樂樓傾圮堪虞。村中父老以此神所往來觀瞻係焉。爰諏吉興工，舊者易之以新，卑者增之使高，補闕救弊。越月告竣，當年大觀焕然復新。是役也，所費千餘金，毫無掣肘，賴四方善士各傾金囊，共襄盛事。非神默佑，曷克臻此？因備述神靈之感應，亦以誌人心之樂善云爾。

庠生郝成焕撰并書。

道光三年歲次癸未小陽月穀旦。

637. 橋梁碑記

立石年代：清道光三年（1823年）
原石尺寸：高103厘米，寬53厘米
石存地點：臨汾市蒲縣蒲城鎮河西村媧皇廟

〔碑額〕：橋梁碑記

蒲邑之西，距城五里，有河西村焉，雖係小邑，其勢東通堯都，西達秦属，往來行旅也由之，一大津也。即橋梁之設，自古旧有，乃大運遞变，歲序屢遷。夏則河水漲溢，泛濫横行，損壞地畝，亦難悉舉；冬則冰裂滑渣，浸潤泥濘，農夫行人受害者不少。村☐☐擊心傷者久之。迨至嘉慶廿三年，有村中王曹四君，舉此善念，重整旧規，公議合村量力拔取，未得完全。復蒙縣主韓公印篆施金，諭衆鄉募化，并本村拔取者約有数十餘金。庶幾苟完。真乃人能宏道，大盖非道宏人，善作善成，善始善終，始終成落。何以☐珉？☐珉以記始終。鐫珉何以傳序？傳序以表功。余盥掌提筆，書丹謹誌，以垂不朽云。

道光三年十一月朔一日，本村八旬增生王濬川☐書，施銀五錢。

署蒲縣正堂韓公捐銀四兩，儒學正堂馮公捐銀貳兩，右堂☐公捐銀貳兩，糾首四庠生王以仁、王以義、王全福、曹立寶各施銀壹兩，隰州午城鎮興隆館、東統興、永益號、王富年、曹兆熊、趙千乘各施銀伍錢。

在縣施捨姓名開列於後：廩生曹力壯施錢☐百文，曹丕緒施錢貳百文，生員王壆施錢貳百文，燕樹號施錢一千，復隆當施錢四百文，元豐當施錢三百文，永泰當施錢四百文，三樂當施錢三百文，天順號施錢三百文，恒信號施錢三百文，自來號、恒升號、同太號、豐太號、鴻門☐、興盛號、四合號、盧文有、牛永智，以上各施銀三錢，曹金盛四錢，貢生張學元、賀恭、王有恩、張進寶、木匠，以上各三錢，合義號三錢。

本村施☐：王全才六钱，王建基五钱，王全壽五钱，王全孝五钱，王全大五钱，王全礼四钱，曹法四钱，王成業四钱，王豐兆四钱，賈萬禄、張维興、王豐裕、賀金榮、王豐盈、王豐積、賈有庫，以上各三钱，☐本湯、王保☐、王杰、王全忠，以上各二錢。

任持悟還。

石匠甯文太。

638. 古龍泉碑

立石年代：清道光三年（1823 年）
原石尺寸：高 38 厘米，寬 76 厘米
石存地點：晋城市澤州縣下村鎮牛山村

古龍泉

龍潭

639. 龍潭碑

立石年代：清道光三年（1823年）
原石尺寸：高35厘米，寬55厘米
石存地點：晋城市澤州縣下村鎮牛山村

龍潭

神柏峪重建禹王廟碑

芮在唐虞之世冀州之南鄙也北枕條山而南濱乎大河右河而東距縣治十里許臨渡之處有古柏焉地名神柏峪相傳禹導河時曾憩於此後人思其明德建廟於峪上遂名彼渡為大禹渡以顯聖蹟示不忘也惜經始落成碑碣無存不知興啟之為何代也逮聖明萬歷年間鳥飛剝落風雨飄搖户牖網以蠨蛸堂廡籍為茂草渡頭居民目睹心傷移其廟於邨中春祈秋報常祀不忒神錫遐福人慶安泰已三百餘年於兹矣自我朝嘉慶十四年來稍存卒意貪貫離心舟楫上下陷溺者時有說者謂河水沸騰惟建大禹行宮足以鎮之渡頭村衆心然其說協議竟卜得吉地於村東大阜之巔與觀音廟聯壁合林去峪上舊址不二百武建正殿三楹香亭三楹午門三楹露臺三楹殿廡及午門工竣飾金肖像畫棟雕樑嵌以牖瓦繚以長垣畢咸具焉視村中舊制規模不啻倍半矣工既就首事人等懇余為文以紀其事余謂神禹當洪荒初闢帝功重千秌平地成天載古典冊蓋無庸述矣惟是河源出崑崙自積石急轉而下汾水入焉自華陰而東涇渭之水又入焉衆流交匯愈推愈激天朗氣清絶流橫渡舟中之人目眩耳暈已泊彼岸即日去而不能返況風雨相加舟行驚濤駭浪之中目舟子自顧難及豈有不裂心破膽號泣訴天者哉渡頭人居近河湄體禹王已顯之德為渡人祈禱之訴曰大禹有靈其必召彼馮夷而來敕其化災祐民此非修廟之意歟至於捐助之芳名工費之多寡例宜列之碑陰

儒學增廣生員帖步氏沐浴撰文

儒學生貟雷汝清沐浴書丹

旹大清道光四年歲次甲申四月十五日穀旦 立

640. 神柏峪重建禹王廟碑

立石年代：清道光四年（1824 年）
原石尺寸：高 246 厘米，寬 100 厘米
石存地點：運城市芮城縣南礑鎮大禹渡景區

神柏峪重建禹王廟碑

芮在唐虞之世，冀州之南鄙也，北枕條山，而南濱乎大河，右河而東距縣治十里許，臨渡之處，有古柏焉，地名神柏峪。相傳禹導河時，曾憩於此，後人思其明德，建廟於峪上，遂名彼渡爲大禹渡，以顯聖迹，示不忘也。惜經始落成，碑碣無存，不知興啓之爲何代也。逮聖明萬曆年間，鳥飛剥落，風雨飄摇，户牖綢以蠨蛸，堂廡籍爲茂草。渡頭居民目睹心傷，移其廟於村中，春祈秋報，常祀不忒，神錫遐福，人慶安泰，已三百餘年於兹矣。自我朝嘉慶十四年來，稍存率意，貪賈離心，舟楫上下，陷溺者時有。説者謂河水沸騰，惟建大禹行宫足以鎮之。渡頭村衆心然其説，協議竟卜得吉地於村東大阜之巔，與觀音廟聯璧合林，去峪上舊址不二百武，建正殿三楹，香亭三楹，午門三楹，露臺三楹。殿廡及午門工竣，飾金肖像，畫棟雕梁，嵌以穢瓦，繚以長垣，畢咸具焉，視村中舊制規模不啻倍半矣。工既就，首事人等懇余爲文，以紀其事。余謂：神禹當洪荒初闢，帝功重千秋，平地成天，載古典册，蓋無庸述矣。惟是河源出昆侖，自積石急轉而下，汾水入焉，自華陰而東，涇渭之水又入焉，衆流交匯，愈推愈激。天朗氣清，絶流横渡，舟中之人，目眩耳暈，已泊彼岸，即日去而不能返。况風雨相加，舟行驚濤駭浪之中，目舟子自顧難及，豈有不裂心破膽，號泣訴天者哉。渡頭人居近河湄，體禹王已顯之德，爲渡人祈禱之訴曰：大禹有靈，其必召彼馮夷而來，敕其化灾祐民，此非修廟之意歟？至於捐助之芳名，工費之多寡，例宜列之碑陰。

儒學增廣生員帖步民沐浴撰文，儒學生員雷汝清沐浴書丹。

時大清道光四年歲次甲申四月十五日穀旦立。

祈保年豐

641. 重修聖母五龍神廟碑誌

立石年代：清道光四年（1824 年）
原石尺寸：高 158 厘米，寬 61 厘米
石存地點：晋中市壽陽縣宗艾鎮東光村

〔碑額〕：祈保年豐

重修聖母五龍神廟碑誌

從來廟宇之設，固貴乎前人之創造，尤賴乎後人之修飾。蓋莫爲之前，雖美弗彰，莫爲之後，雖盛弗傳也。我村聖母五龍神廟，以介我稷黍，以穀我士女，禱即靈，祝即應，風雲雷雨，胥嘉賴焉，誠巨典也。第址基本属高峻，墻壁且多動摇，人之所寒心，即神之所難妥。爰是村衆議定，量力輸財，捐銀二百七十七兩五錢，松樹四株，得價一百五千文。先將廊房六間移於下院，後將廟院地基低下數尺振修殿宇，而又左建社廟，右立碑房，東西兩廊以下，再造小房二間。廟西南隅買到地基一塊，運土填墊厚實，亦廓其有容焉。獨是財用不足，樸斫雖勤而丹雘未塗。每畝地又攤錢五十文，并將樂樓、山門、周圍墻垣、馬棚四間，一應修明整飾。遲之又久而功始竣，至此焕然一新。勒諸貞珉，豈敢曰前人之美，用以彰後人之盛，用以傳哉！不過詳叙始末，以昭兹來許云爾。是爲誌。

本村儒士王來章豊五氏撰，鄉飲耆賓王來瑞佑軒氏書。

住持道士趙復垠施銀一兩，道會司道官潘復埨、門徒聶本鉛施銀一兩。

陰陽學生：王來貴、王來環。

經理人：王廷琦銀二十一兩，王寬仁銀二十兩，榮璧柱銀十八兩，閆海珍銀十兩，王大定銀六兩，賈福生銀五兩，賈俊偉銀五兩，賈德信銀三兩，王全禄銀三兩，李秉彝銀三兩，賈長財銀二兩五錢，賈希曾銀二兩，賈有用銀二兩，尚滿庫銀二兩，王來信銀一兩五錢，王來章銀一兩。

木泥匠：王全奇、賈法進、賈長貴、賈世忠、賈世榮、賈世義。

石匠：趙興隆。

鐵匠：宋天合。

丹青：王懷英。

脊匠：康奠。

鐵筆：郭永圖。

大清道光四年歲次甲申夷則月穀旦勒石。

皇清
嘗思築城鑿池國家之大典我村自立庄以來早已有此池塘奈六七月之間高
集隨盈隨涸老幼男婦不勝渴飲之悲
奮然起曰民非
水火不生活人生天地不能為後人立功立德非丈夫也古有此池盍勉力修理
為堅固計于是閤村公議莫不忻然從之自庚辰動工于今五年茲當工程告竣
理應酧神勒碑庶幾後世子孫臨淵興羨睹先代之基業章當前之供取稍有
頹壞爰為補葺世世相傳永垂不朽是誠余等之厚望也夫是為序
壺邑庠生劉漢瑞撰
陵邑庠生韓冠英書
大清道光四年歲次甲申九月初四日穀旦
立

642. 修池碑

立石年代：清道光四年（1824 年）
原石尺寸：高 163 厘米，寬 68 厘米
石存地點：長治市壺關縣百尺鎮韓莊村

〔碑額〕：皇清

嘗思築城鑿池，國家之大典。我村自立庄以來早已有此池塘，奈六七月之間雨集，隨盈隨涸，老幼男婦不勝渴飲之悲。總理李天寶、李近道、郭成銑，社首郭殿宝、李子仁、李增和奮然起曰："民非水火不生活，人生天地不能爲後人立功、立德，非丈夫也。古有此池，盍勉力修理，爲堅固計。"于是闔村公議，莫不忻然從之。自庚辰動工，于今五年。玆當工程告竣，理應酬神勒碑。庶幾後世子孫臨渊興羨，睹先代之基業，幸當前之供取。稍有頹壞，爰爲補葺，世世相傳，永垂不朽，是誠余等之厚望也夫。是爲序。

壺邑廩生劉漢瑞撰，陵邑庠生韓冠英書。

共費石工七千有餘，共費杵工八千二百有餘，共費木工二百有餘，共費土工一萬七千有餘，共雜花費三百五十餘千，以上共總花費錢三千四百千有餘。

總理：李天寶、監生李近道、郭成銑。

社首：郭殿宝、李子仁、李增和。

培首：李天庚、郭子連、李東昶、李文渊、馬資林、董鄭柱。

杵工：魏紹虞。

石工：郭德敏、姜清祥、郭清、郭雲。

木工：杜文。

住持：心□。

大清道光四年歲次甲申九月初四日穀旦立。

643. 擴建水潴碑記

立石年代：清道光四年（1824 年）
原石尺寸：高 48 厘米，寬 60 厘米
石存地點：運城市新絳縣北張鎮北董村觀音堂

初，我莊食水潴有二，□方五仞，深仞餘，引流注兹，用便生活，至於今是賴。昔之人創是具也，想亦艱於一時而□之，食其德者誰敢忘所自始哉！乃生齒日繁，取用較加，而甃之深淺廣狹不能多所贏餘。澇則餘資灌溉，旱則涸可立待，不給之憂，靡不憚之。是年，余等責膺村政，他務未遑，於是舉特□□焉。遂規其所宜，爰將舊甃之東西暨南三面掘空，周圍上下鎖用買石□其□仍踵□舊，詳其廣，幾倍乎蓰。《易》云養而不窮，我不敢知。《傳》曰用之不竭，其庶幾乎！是工約費金三百有奇。兹值告竣，略誌片石，以爲後之有基勿壞者勸。

使水龍神案銀叁拾兩，村中收銀壹佰兩零，重陽觀銀伍拾兩，雲居寺銀壹佰□拾壹兩。

首事甲保，□□崔鍾瑞、□□武、□□□宗憲、□□寧□□、王棟、寧望魁、寧□□，生員葛正芳、寧懷南、□□寧元善、寧勤學、□□王文彦、寧金魁。

鄉地：崔恒□、寧崇玉。

井□内永不擱桌看戲。

大清道光四年秋九月吉旦。

644. 重修碑記

立石年代：清道光五年（1825 年）
原石尺寸：高 196 厘米，寬 80 厘米
石存地點：晉城市澤州縣山河鎮西堯村

〔碑額〕：重修碑記

從來上聖，今人見像生心。重造者固彰其美，踵事者亦增其華，以培一方之旺氣也。如斯廟之作，由來久矣，不覺雨漏□□。古有湯帝聖水，每逢三年祈宫拜水，廟宇窄小。村中舉意，總理社首人苗有存、段榮□、苗生一睹殿宇之將傾，爰降善念，重修正殿一座，又代□玄武樓西北角殿，南面舞樓一座上下捌間，又代東西行廊上下六間，盡皆重修，增其舊制。雖古制俱無，而大觀已壯，山清水秀，地靈人杰，駸駸乎非前日之風氣也。經始于嘉慶二十三年十月十九日開工□□，□道光三年十一月二十六日工完。慈於告竣之日，略併數言，以著神壇之增美，即以志衆人之勤勞善降也。是爲序。

共社十七忩，一小六□□，□社忩起錢二百文，共起錢三千四百卅文。秋夏起□□天，麥米豆共作錢二十九千三百文。賣植樹錢二十千零五百文。村公議祭祀去戲代金頂會錢以應零碎存錢共錢九十二千一百文。捐布施、開光布施二共錢一百六十八千八百文。共起錢三百一十四千一百卅文。

燒磚瓦買脊□瓦、□□□□一應共使錢二十九千零七十文。石匠破柱包工共使錢四十二千文。買木植共使錢七十四千九百文。木匠大包工代日工共使錢四十□千□百六十文。油匠碾玉共使錢二十四千二百文。開光謝土共使錢六十四千文。小工包工使錢九千三百六十文。打市間秤釘共使錢五千二百卅文。陰陽生使錢三千四百文。以應雜□□□匠人秤繩買炭共使錢十千零九百七十文。下余錢一千一百卅文立碑使完。

（各村布施人名單漫漶不清，略而不録）

總理社首人：苗有存、段榮齊、苗生懿。

分理社首：符法全、段緒文、段秀齊、苗沛一。

大清道光五年七月十五日穀旦。

645. 重修馬王龍王龍天土地廟碑記

立石年代：清道光五年（1825年）
原石尺寸：高46厘米，寬60厘米
石存地點：臨汾市蒲縣黑龍關鎮黎掌村馬王龍王廟

重修馬王龍王龍天土地廟碑記

□來前人未有之功，而後人經始之謂之創。前人已成之□，□後人仍舊之謂之因，因與創一致也。黎掌村古有三聖廟一所，其重修舊石誌於乾隆三十五年。以迄於今，墻頹瓦破者有之，棟折榱崩者亦有之。乙酉春夾鍾，榮集合村中衆糾首，議伐黄家山神樹数十株，共粥錢捌拾肆仟柒佰文。鳩工庀材，至夷則月，而廟貌焕然維新矣。兹廟告竣，舉合村直日監工姓字，悉勒貞珉，非敢云功也。特取其有遺迹可考焉耳。是爲序。

廩生席常昭撰，男庠生璠書。

總理糾首庠生席常榮謹誌。

督工糾首：席常春、席常興、席心樂。

陰陽生：席心廣、王立富、席心恭、席心安、席常英、王立廷、席二南、任永清、席萬鍾、王立興。

廩生：席常青、席萬星、席萬福、刘國太、王立□、席常廉、席萬國、任永興、席萬壽、王崇金、席常新、王崇成、席常禄、席冠英、席常伸、任永吉、任永昌、王萱、席□、席道旺、席萬鳳、王范、席琳、席道行、席道明、席道立、席常貞、席志禄、席金福、席金英、席彭齡、柏進宝、□福明。

時道光五年歲次旃蒙作噩相月吉旦立石。

646. 疏泉眼碑記

立石年代：清道光六年（1826年）
原石尺寸：高45厘米，寬54厘米
石存地點：臨汾市霍州市辛置鎮北泉村關帝廟

疏泉眼碑記

蓋闻五行之中水居其一，水之利於民生也大矣。我北泉村舊有瓦上泉眼一個，水地叁拾陸畝伍分正，吃水有餘，澆灌不足。有水地之名而不能享水地之利，村人莫不目睹心傷。于道光六年春季天旱，村人閑暇，首事人等請合村人商議，在河底阴濕之處疏泉。村人欣然樂從，按地起夫，於是動工。後頭溝有一股水，水小，流不到溝口。淘之五六天，較前倍大。它水坡下白石泉，小石囫圇流水，石匠鑿成五個大囫圇，水始涌出。前嘴山下阴濕，淘成泉形，流出叁拾股水。羊草溝濕地壹垛，掘地叁伍尺，有二水出來。以上共計大小泉眼伍拾個，共花工壹百有餘，共花銀叁拾貳兩伍錢六分正。斯舉也，實屬美事，向之澆灌不足者，今則浇灌有餘矣。蓋創之於前者，猶賴繼之於後。後之君子每歲淘泉，勿使泉眼壅塞，是則予之所厚望也。是爲序。

儒學生員何所居撰文并書。

計工開列于後。（以下社首、總管等芳名略而不録）

石匠崔春娃敬刻。

大清道光六年夏季中旬穀旦吉立。

647. 重修五龍聖母廟碑記

立石年代：清道光六年（1826 年）
原石尺寸：高 144 厘米，寬 64 厘米
石存地點：吕梁市臨縣臨泉鎮後李家溝村五龍廟

〔碑額〕：千古不朽

重修五龍聖母廟碑記

且夫神也者，妙萬物而爲言者也。故天在無声無臭之上，而神在弗見弗聞之□。鼓之以雷霆，潤之以風雨，人見天之造化不測也，而不知即神之充滿無間□。臨邑城東北十五里許後李家溝村廟圪塔梁，舊有五龍聖母廟，求則應，感則靈，而奉香火者，數百年不絶焉。奈年深日久，聖像剥落，墻垣傾□，誠不足以□神矣。社内二三故老議爲重修。爰是闊其基址，宏其規模，丹楹□□，焕然一新。以及東西諸神祠，亦皆廢者興，墜者舉矣。异日者，時和年豐，□□風而十日雨，民安物阜，因恒産而有恒心。士服詩書之教，人敦農桑之俗，比□□封，未始非作廟之助也。然作廟之人，則起於讓□者之王守富，董事者之高□□等也。工成問叙於余。余愧才疏學淺，不足以歌功頌德。涕□爲之詳厥由來，則□知有爲之前者，又安望有爲之後者。所賴後之視今，一如今之視昔也。是即□者之心也夫。是爲叙。

弟子邑庠生任德□薰沐□。

（經理人等芳名略而不録）

大清道光六年歲次丙戌六月穀旦。

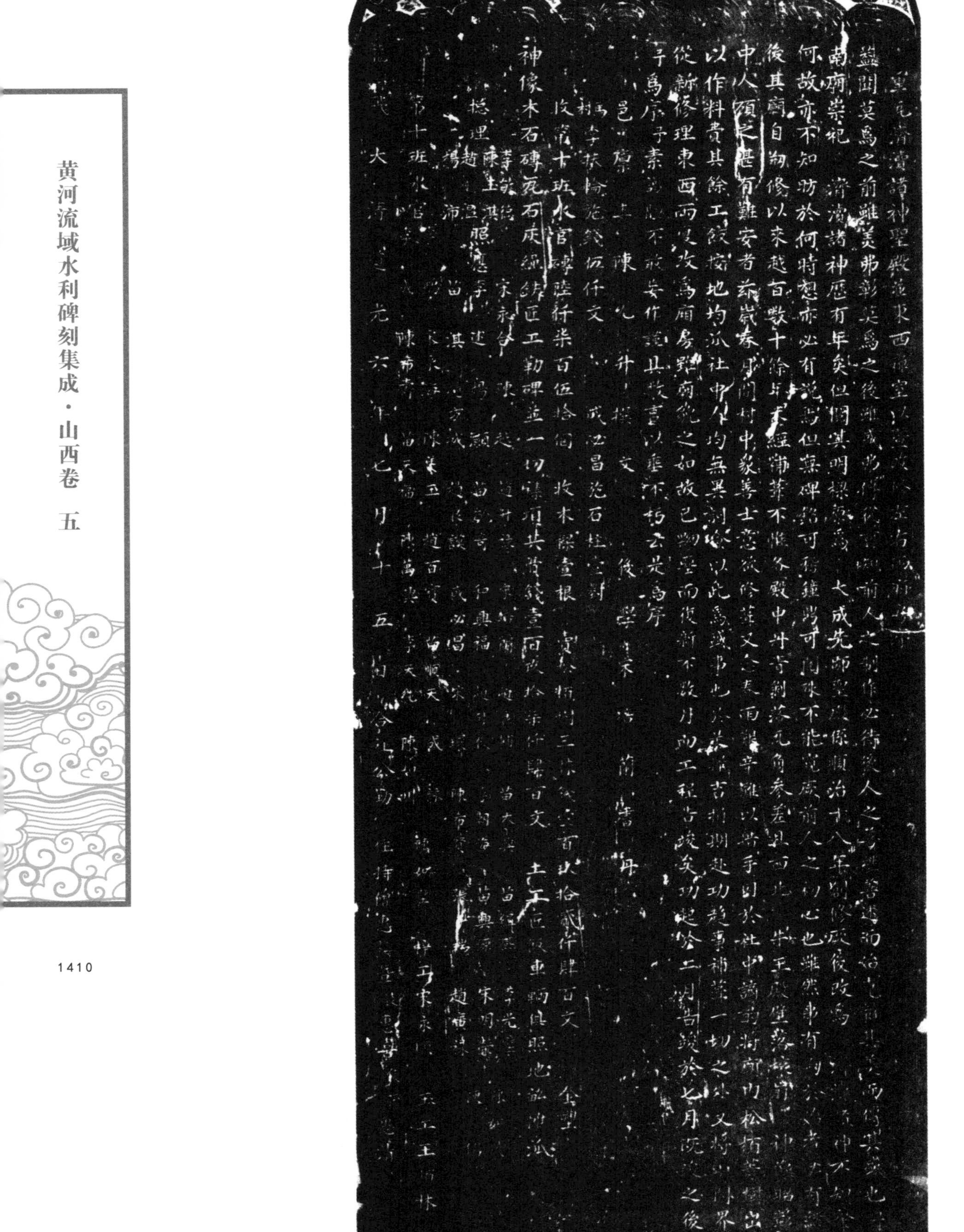

648. 重瓦濟瀆諸神聖殿并東西禪室以暨改修左右兩廂房序

立石年代：清道光六年（1826 年）
原石尺寸：高 180 厘米，寬 60 厘米
石存地點：晋城市澤州縣下村鎮史村

重瓦濟瀆諸神聖殿并東西禪室以暨改修左右兩廂房序

蓋聞，莫爲之前，雖美弗彰；莫爲之後，雖盛弗傳。從可知前人之制作，必待後人之善繼善述，而始克彰其美而傳其盛也。予村南廟，崇祀濟瀆諸神，歷有年矣。但閱其明梁，原爲大成先師聖殿，係順治十八年創修，厥後改爲濟瀆諸神，不知肇自何故，亦不知昉於何時，想亦必有説焉。但無碑銘可稽，鐘鼎可閲，殊不能窺厥前人之初心也。雖然事有創於始者，必有繼於後，其廟自創修以來，越百数十餘年未經補葺，不惟各殿中丹青剥落，瓦角參差，且西北牛王殿，壁落榱崩，神像昭彰。村中人顧之，甚有難安者。兹歲春月間，村中衆善士意欲修葺，又念春雨艱辛，難以措手，因於社中商酌，將廟内松柏等樹出售，以作料費，其餘工飯，按地均派。社中人均無异詞，僉以此爲盛事也。於是擇吉捐期，赴功趨事，補葺一切之外，又將山門界墻從新修理，東西兩厦改爲廂房。雖廟貌之如故，已黝堊而復新，不数月而工程告竣矣。功起於二月，告竣於七月。既竣之後，囑予爲序。予素□陋，不敢妄作，謹具数言，以垂不朽云。是爲序。

邑廪生陳允升撰，後學宋培蘭書。

馬村李扶輪施錢五仟文，成必昌施石柱壹對，收第十班水官磚陸仟柒百伍拾個，收木梁一根，賣松柏樹三株，錢壹百玖拾貳仟肆百文；金塑神像，木、石、磚、瓦、石灰、繩、鐵匠工、勒碑并一切雜項共費錢壹百玖拾柒仟肆百文；土工、匠飯、車輛俱照地畝攤派。

總理：李敏德、陳玉淇、趙温、楊沛。

照應：宋永合、李述、苗淇、陳越、楊灝、趙方城、趙升禄、苗毓奇、趙良謨、宋培蘭、和興福、成必昌、趙良輔、趙升俊、宋環……

第十班水官：李鵬、李□成……

梓工：宋永順。

玉工：王柏林。

住持僧惠樓，暨徒惠喜、徒孫惠清。

龍飛大清道光六年七月十五日合社公勒。

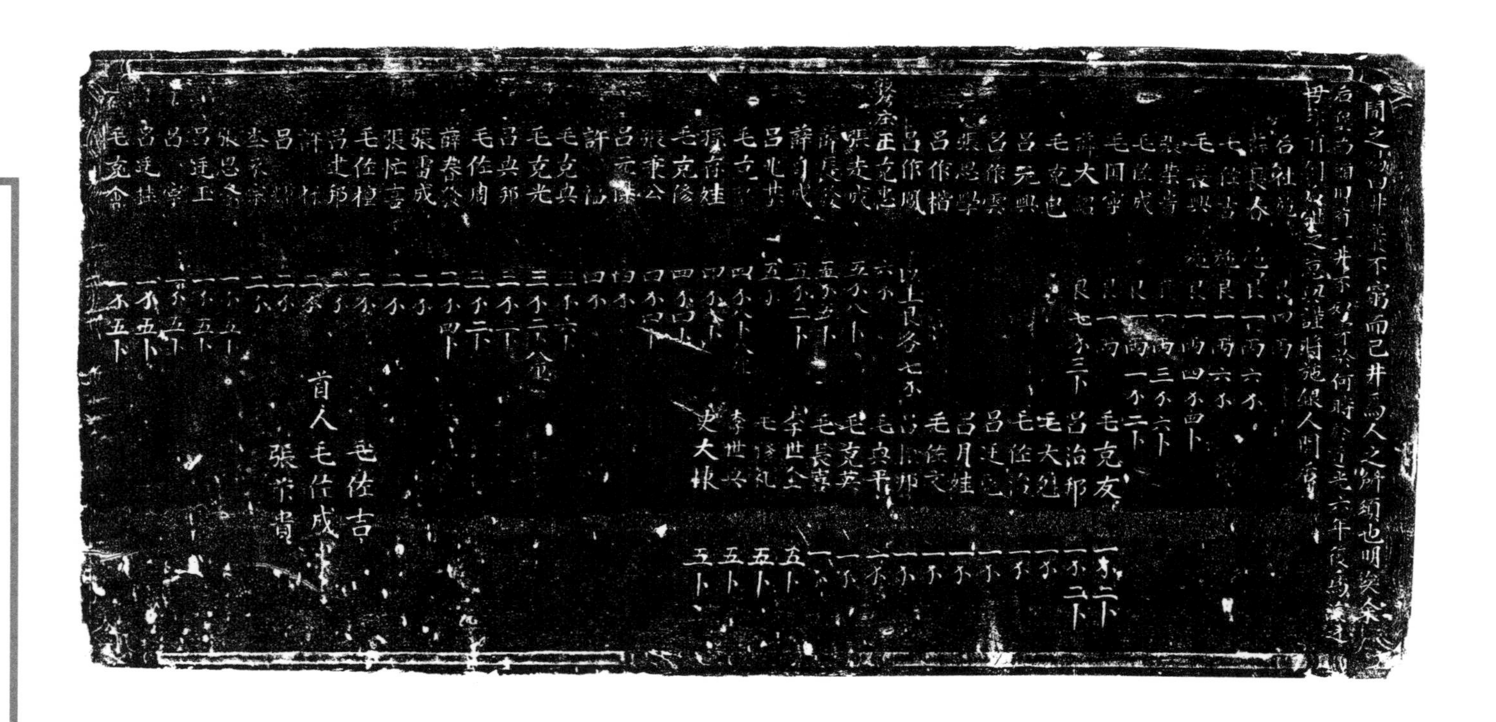

649. 後堡浚井記

立石年代：清道光六年（1826 年）
原石尺寸：高 39 厘米，寬 80 厘米
石存地點：運城市鹽湖區上王鄉後堡村

聞之《易》曰井養不窮而已，井爲人之所須也明矣。余后堡南頭旧有一井，不知穿於何時，於道光六年復爲浚之，毋□前創后繼之意與。謹將施銀人開后。

后社施銀四兩。薛長春施銀一兩六錢，毛佐吉施銀一兩六錢，毛長興施銀一兩四錢四分，張桊貴施銀一兩三錢六分，毛佐成施銀一兩一錢二分，毛國寧施銀一兩，薛大紹施銀七錢三分。毛克己、吕元興、吕作雲、張思學、吕作楷、吕作鳳，以上銀各七錢。敦張莊王克忠六錢，張走成五錢八分，薛長發五錢五分，薛自成五錢二分，吕兆基五錢，毛克□四錢八分八厘，孫存娃四錢八分，毛克修四錢四分，張秉公四錢四分，吕元傑四錢，許福四錢，毛克興三錢六分，毛克光三錢二分八厘，吕興邦三錢二分，毛佐周三錢二分，薛春發二錢四分，張雷成二錢，張忙喜二錢，毛佐檀二錢，吕連邦二錢，許行二錢，吕耀二錢，李永宗二錢，張思學一錢五分，吕廷玉一錢五分，吕寧一錢五分，吕廷桂一錢五分，毛克會一錢五分。毛克友一錢二分，吕治邦一錢二分，毛大魁一錢，毛佐治一錢，吕廷彪一錢，吕月娃一錢，毛佐文一錢，吕振邦一錢，毛興平一錢，毛克英一錢，毛長喜一錢，李世全五分，毛修礼五分，李世興五分，史大棟五分。

首人：毛佐吉、毛佐成、張桊貴。

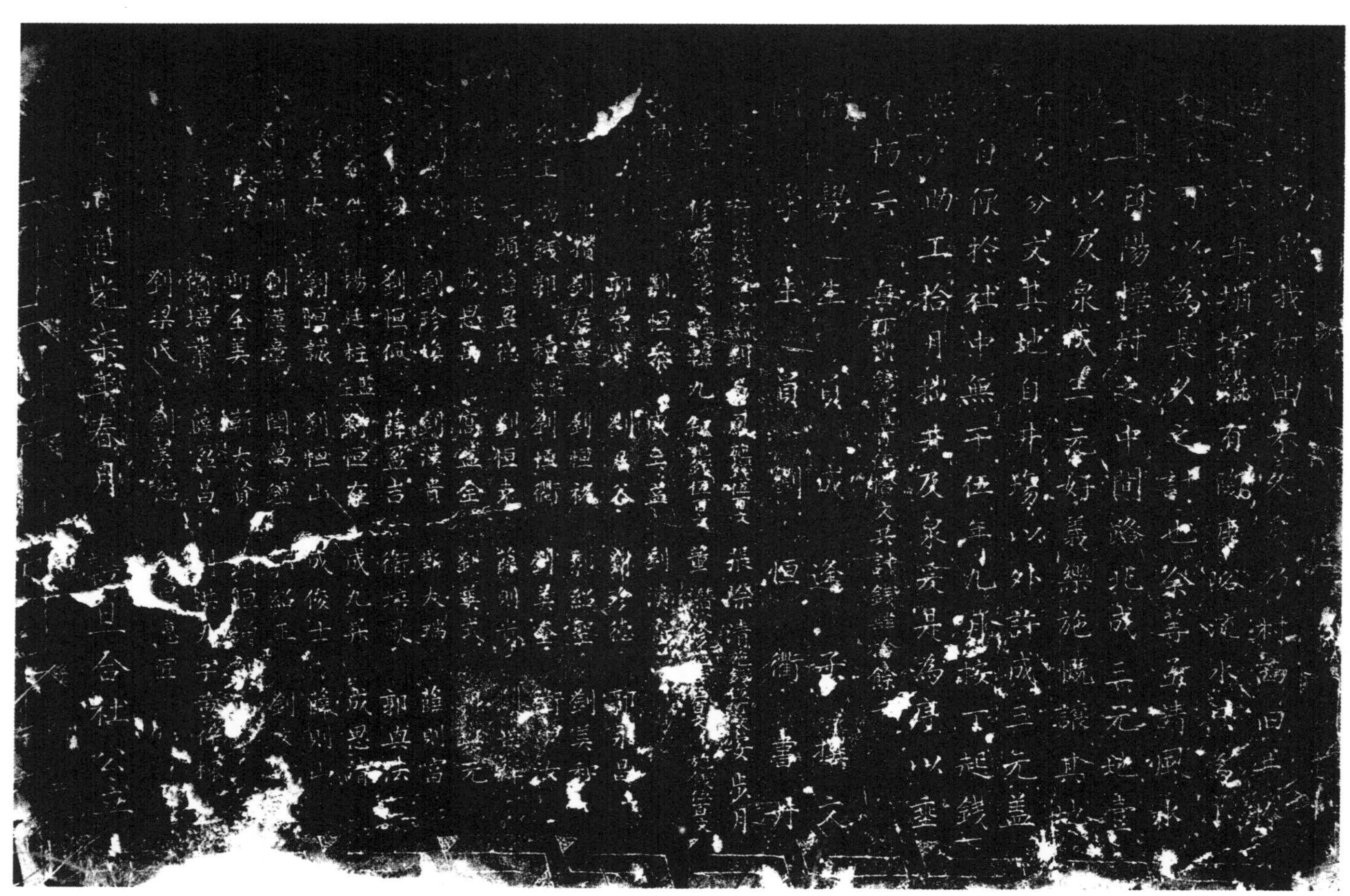

650. 窑子頭捨地掘井碣

立石年代：清道光七年（1827 年）
原石尺寸：高 45 厘米，寬 75 厘米
石存地點：臨汾市霍州市陶唐峪鄉窑子頭村舊廟

□井而飲，我村由來久矣。乃村西舊井於道光貳年塌壞，雖有陶唐峪流水，只爲小□，不可以爲長久之計也。余等亟請風水，□其陰陽，擇村之中間路北成三元地壹塊，可以及泉。成三元好義樂施，慨讓其地，不受分文。其地自井場以外，許成三元盖□自便，於社中無干。伍年九月，按丁起錢，照户助工，拾月拙井及泉。爰是爲序，以垂不朽云。

儒學生員成逢子撰文，國學生員劉恒衢書丹。

每丁出錢壹百伍拾文，共計錢肆拾餘千。

（香首、總管等芳名略而不録）

大清道光柒年春月穀旦合社公立。

[illegible]閣改邑不改井井不可
[illegible]
用汲[illegible]受其福又曰井[illegible]
[illegible]
為用甚急甚大可修治不
可覆蔽牛新織園中有井
一眼原伊先人所置為一
家之用而村中食此水者
過大半不止焉今同閣社
言明將此井屬於閣村以
後修甃之功鹿盧繘綆之
費惟閣村是問倘有不測
之事閣社一面承管蓋井
為公井事即為公事一概
不與牛新成相干此係當
日議定彼此情願書之於
石永為記耳
道光七年二月初一日　閣社公立

651. 北峁村禁約碑

立石年代：清道光七年（1827年）
原石尺寸：高32厘米，寬71厘米
石存地點：晋城市澤州縣巴公鎮北峁村

蓋聞改邑不改井。井不可改，邑……用汲，并受其福。又曰，井甃……爲用甚急甚大，可修治，不可覆蔽。牛新成園中有井一眼，原伊先人所置，爲一家之用，而村中食此水者過大半不止焉。今同闔社言明，將此井属於闔村。以後修甃之功，鹿盧繘綆之費，惟闔社是問。倘有不測之事，闔社一面承管。蓋井爲公井，事既爲公事，一概不與牛新成相干。此係當日議定，彼此情願。書之於石，永爲記耳。

道光七年二月初一日闔社公立。

閤村永賴

652. 南李莊村鑿池碑記

立石年代：清道光七年（1827年）
原石尺寸：高118厘米，寬61厘米
石存地點：臨汾市霍州市陶唐峪鄉南李莊村學校

〔碑額〕：闔村永賴

遐□□□之世，洪水横流，民無所安息，則水固爲民之害。治水而後，水有所歸，民非水不生活，而水轉爲民之利。惟其利也，足則昏暮求之無弗與，不足□□取之而恐□□。可知水之爲物也，雖其細已甚，足與不足，人□之厚薄，風俗之美惡，胥於是乎寓焉。靳四里南李庄村自立村伊始，一池吃水，雖不覺其有餘，亦未見其不足。嗣後室家繁盛，人口衆多，水至則□□而灌道，水往則竭盡而無餘。所以然者，豈水不足用，乃池之規模狹隘，□受不多，□□終歲有莫給之嘆也。今於道光五年冬，香首□總管聚集合村人等議，欲再鑿一池，一以補村風，一以足民用。所可慮者，工程浩大，社中既無資財，土脉□薄，境内又無佳地。雖有是言，猶未必克成□□也。乃不意人有善念，天必□之，即有張王二姓者欲□福田，不惜心地，於三□廟張户院前，一舍地一畝，一舍地五分。兩家止隨地出粮，價錢分文不受。南邊地□不足，張正河亦願□買叁分受過地，價肆千叁佰柒拾伍文，各有所立証據。於是興工鑿池，成工甚速，雖曰人力，若有天意存焉。玆當工成告竣，將見水勢汪洋，□于靈秀之氣，上下取水各從其便，居然仁讓之風也。因刻石誌美，永垂不朽云。

賀萬壽撰文并書。

工□□□□花錢□拾捌千捌佰文，合社地畝公起。

（總管、香首等芳名漫漶不清，略而不録）

大清道光七年歲次丁亥季夏之月建立。

永垂不朽
督工公直
公直
大清道光柒年歲次丁亥桂月吉日閻莊全立

653. 重修火星殿新創神駕移藥王神像新鑿郊外天池并募化碑記

立石年代：清道光七年（1827年）
原石尺寸：高157厘米，寬67.5厘米
石存地點：臨汾市曲沃縣樂昌鎮小吉村伽藍寺

〔碑額〕：永垂不朽

重修火星殿新創神駕移藥王神像新鑿郊外天池并募化碑記

世説重神事者，莫若立祠建廟；補風水者，莫若高臺深池。余謂不然，神明之爲靈昭昭也，視之而弗見，聽之而弗聞，□無不屈，微無不著，顯晦與陰陽相合，豈□□一廟貌所能格其聲靈乎？風水之轉移惚惚也，八風從律而不紊，天一生水而叵測。清風徐來，水光接天，上下與天地同流，詎涌涌一溪治所能□□缺陷乎？□高明□其不過爲淺人説法，敬心虔者爲廟以祀之，傾心感者或補以安之，亦理之常，無足怪者。古之聖人，知神靈風□□□□多端，非智慮所能周，非法術所能制，不敢出其私謀詭計，而惟積至誠。用大德以結乎天心，使天眷其德，不廟而神靈常昭，不補□□□□聚，是豈可不窮理而徒爲當世傳説之所惑哉？

村内坐東朝西大廟一所，春祈秋報，享祀由來已久。正殿關聖大帝位焉，北殿行雨龍神位焉，南殿今移藥王神像位焉。廟之南廊外火星殿重修，神駕新建。廟之北廊外依墻隙地□厦五間，爲演戲□人便寓之所。村外乾隅勢□，莊人久欲深鑿天池，凝聚風脉艱於地。本莊□仞賀公，業中有堪爲基址者，□謀以金售。公聞之曰：區區彈丸，可則用之，何以金爲？善哉！善哉！數□之工一時告竣。所費資財，有本村捐施者若干，有外莊募化者若干，姓□浩繁，此碑不能備鎸，又□有勒石焉。今爲首者□余爲文，雖□□不容辭，謹就其事而約略記之，以爲永垂不朽云。

邑庠生員林一張攀桂薰沐撰文，邑庠生員茂齋衛暢薰沐書丹。

督工公直：□□江，賀席珍……

公直：（以下碑文漫漶不清，略而不録）

大清道光七年歲次丁亥桂月吉日闔莊同立。

654. 重修龍神廟碑記

立石年代：清道光七年（1827年）
原石尺寸：高175厘米，寬65厘米
石存地點：朔州市平魯區下面高鄉聖佛崖村龍王廟

〔碑額〕：百世

重修龍神廟碑記

韓文見興□□□云：莫爲之前，雖美弗彰；莫爲於後，雖善弗揚。蓋有創建之功，賴有□成之績，鬱鬱乎誠盛業也。若□□□鄉□制，□□宇原村西廟昴地之古迹，吾□□□代於大明洪武三年從山東雲内鄒縣遷來，受□大里，祈祥吉□，静所新安……神願享之，於今爲烈。然累世已久，不無風雨之飄摇，歷年既多，難免□□之傾頽。吾輩目擊心傷，不忍坐視顛危，於是糾閭里而共議，□老幼以咸欣，不恃重費……一立而峻□，重新其□峨輝煌，焕然可□。□不比先人初造之巍功，□不愧前□□成之峻績。猗歟休哉！克承其盛矣。維……不淹苦心，□□資助力者，刻碑列名，垂爲□鑒。

朔平府學庠生孟□□撰，朔平府學庠生孟元書丹。

孟嘉紅捐錢伍佰文，孟張氏□□□□捐錢壹仟文，孟胡氏□□捐錢壹仟文，孟燭捐錢壹仟文，施圪塔地半畝，孟邱氏□□□捐錢伍佰文，孟高氏□□捐錢三佰文，孟池氏□□捐錢伍佰文，孟韓氏□□□捐錢伍佰文……

（以下碑文漫漶不清，略而不録）

大清道光柒年歲次丁亥仲秋月穀旦。

龍神廟記
移地重建
龍神廟碑記
經理人

655. 移地重建龍神廟碑記

立石年代：清道光七年（1827 年）
原石尺寸：高 138 厘米，寬 60 厘米
石存地點：大同市廣靈縣蕉山鄉羅疃村

〔碑額〕：龍神廟記

移地重建龍神廟碑記

嘗聞天生蒸民，莫不賴五穀以養育，苗而秀實，要必借雨露以滋榮。静焉思之，苟無雨露，何有五穀？苟無五穀，何有民？斯民賴五穀而實賴雨露也！況龍神乃行雨正神，護國裕民，誠爲君民之所共仰也。廣邑羅家疃堡北磽溝口舊有龍神廟壹所，創自明始，以至於今。前人未嘗不屢加重修補葺，但歷年久遠，風雨摧折，雀鼠穿鑿，廟貌因之而破碎，神靈何得以清寧！更有山河野水之爲害，波浪侵及廟根，恐不時而盡倒壞。村中衆善人目睹心傷，不忍坐視，不得已而起移建之議焉。謹擇堡北上場吉地，同盡心力，各竭至誠。選巧工良匠，重建廟宇，以供神靈。未幾而工程告峻［竣］。雖由人力，實有天助。廟貌巍峨，可與天地而永奠；聖像莊嚴，自合日月而長明。遥想前人之創造，德莫大矣；更幸今人之重建，功何隆焉。以善繼善，令前人之大德常昭；以美成美，使今人之宏功永傳。深願後之子弟安居是鄉，誠克繼善成美，創建重修。庶不負前人之期望也，以享無疆之福壽矣。

廣靈縣儒學增廣生員温良玉撰文敬書。

經理人：徐國垣、生員温良玉、温顧年、刘世福、温得仁、温溥仁、孔琳、楊□、温峻年、李浩、温鶴年、温和、温□□、張建業、徐國柱、温培□、張國麟、温昌、孔義、温璋、張守業、馬凌雲、刘世太、温培樑、王□、温培□。

住持僧：智文、徒□長。

石匠：楊深。

木匠：龍成。

泥匠……

油匠：□從。

畫匠：王守。

大清道光七年歲次丁亥孟冬之月穀旦立。

重修藏山文子神祠記
大清道光八年歲次戊子仲秋上浣穀旦立

656. 重修藏山文子神祠記

立石年代：清道光八年（1828年）
原石尺寸：高137厘米，寬51厘米
石存地點：陽泉市盂縣萇池鎮藏山祠

重修藏山文子神祠記

藏山文子祠，祀文子於藏山也。山何以名藏？取其藏也。考諸舊石碣，或謂山内藏山，或謂山内藏孤，二説不同，總之不離乎藏者近是。夫藏有匿迹韜光之義，而藏山之在盂邑，自文人學士、搢紳先生與樵夫、牧竪，遠近之目見耳聞者，莫不艷稱而争道之，似與匿迹韜光之説大不相合也。然下宫之□，公孫、程兩侯設計保□，□□十五年而卒無風聲之泄，則天下之匿迹韜光者，又莫甚於此山焉。夫均此一山，或藏而不終於藏，或藏而果得其藏，若隱若見，若微若□，□倏忽□化神□而不可□□者，則以其有文子在也。蓋天地之氣積而爲山，鍾而爲人，化而爲神。文子秉天地之精，紹□氏之後，一山之藏而不終於藏也。其蒙難之日，遵養晦之宜，一山之藏而果得藏也。山也，人也，神也，一而二，二而一者也。不然以岸賈之奸，構金討索尚累及於無辜之嬰兒，何有於文子而卒履險如夷處因得享焉？則以神故不可知，神故不可測。神之所在，岸賈誠無如，何也？乃知公孫之獻假孤，非公孫也，神爲之也；程嬰之保真□，□□嬰也，神爲之也；□□子之因事納諫，薦孤而立趙後，非獻子也，亦神爲之也。□值此也，□人之建廟栖神，增修補葺，雖曰感德不忘，分所□雨，而亦莫非神之所□也！蓋其生爲名□，輔國輔君，當時蒙其澤，没爲名神，爲雲爲雨，萬世□其休，□□□厚德□□人人之深，恐趨事赴功不能亘古而一轍也。丁亥春，廟貌傾圮，而總聖樓前□一楹風雨剥削，尤有□□將絶之虞，鄉人欲易之而且□之。爰取材於山，賈勇□□。其上石磴也，倒卧而懸提之，其入石閣也，順竪而倒入之，乃懸崖立架，□檁支攔，新舊之更，易如反掌，真若神助焉！其它若殿閣，若楼臺，若廊廡、垣墉、禪房、戲室俱次第□□之，□□□□矣。至於費用之資，工價之值，一經募捐，輒得二千餘金，非神力之普存，□能與於此？□□□□來山，見夫山之高，洞之深，奇峰叠嶂之□峙左右，□□□柏之□□□□，□非神之精氣繚繞，有以永存而不朽焉。區區之功，何足道其萬一哉！然則有神之靈，有神之赫，謂爲藏山也，可謂爲非藏山也，亦可謂山有藏山而□□於藏也，可謂山有藏孤而永終於藏也，亦無不可。若夫神譜之支派，神力之浩大，神恩之覃敷，前人述之詳矣，姑弗贅。

儒學增廣生員際飛張□薰沐敬撰，儒學生員化愚張智珠沐手謹書，儒學副生至德邢道□沐手題額。

盂壽營游擊五格輸銀壹封，知盂縣事郭書俊輸銀壹封，儒學教諭王□輸銀壹封，儒學訓導劉循寬輸銀壹封，千總郝喜輸銀壹封，典史魯紹連輸銀壹封，城守司董壯猷輸銀壹封，把總宋懋輸銀壹封。

木工：尹成□、孟□。

□匠：李彩、劉健。

石□：趙士俊、趙義恒。

住持僧源悟，徒廣化，孫續隆、續慶，施銀貳兩。

大清道光八年歲次戊子仲秋上浣穀旦立。

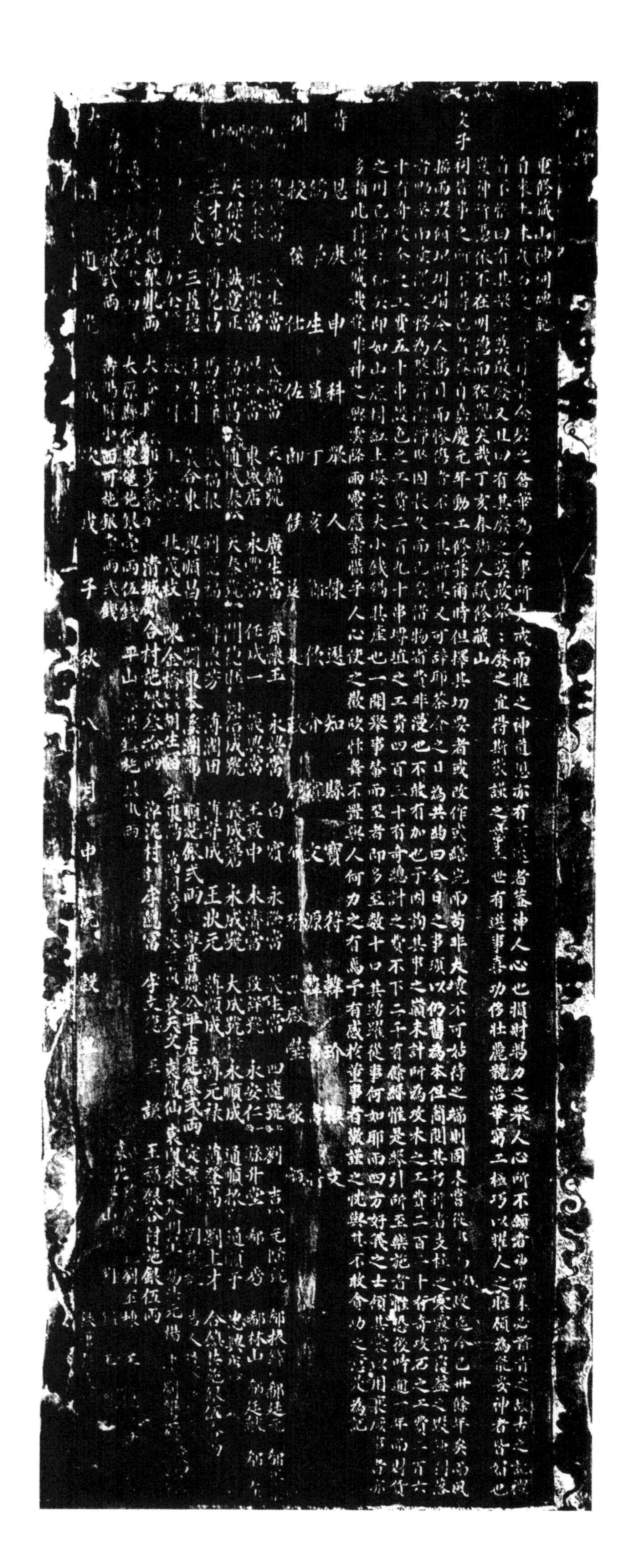

657. 重修藏山神祠碑記

立石年代：清道光八年（1828 年）
原石尺寸：高 140 厘米，寬 50 厘米
石存地點：陽泉市盂縣長池鎮藏山祠

重修藏山神祠碑記

自來土木瓦石之□費，丹青金碧之奢華，爲人事所大戒，而推之神道，想亦有不遠者。蓋神人心也，捐財竭力之舉。人心所不願者，神亦未必首肯之。故古之記禮者不惟曰：有其舉之莫敢廢。又且曰：有其廢之莫敢舉。舉廢之宜，得斯敬謹之意。至世有選事喜功，侈壯麗競沿華，窮工極巧，以耀人之瞻顧，爲能妥神者，皆媚也！豈神所憑依，不在明德而在觀美哉？丁亥春，鄉人議修藏山文子祠，皆事之所不得已者。蓋自嘉慶元年動工修葺，爾時但擇切要者，或改作或繕完，而苟非大壞，不可姑待之端，則固未嘗從事□。以故迄今已卅餘年矣！而風摇雨毁，傾圮坍塌，令人□目而慘傷者不一其所，其又可辭耶？茶會之日，爲共約曰：今日之事，須以仍舊爲本，但簡閱其朽折者支柱之，零露者覆蓋之，毁□剥落者黝堊而塗澤之，務爲整齊□净，堅固長久而已矣。惜物省費非漫也，不敢有加也。予因詢其事之巔末，計所爲攻木之工費二百二十有奇，攻石之工費二百六十有奇，攻金之工費五十串，設色之工費二百九十串，磚埴之工費四百三十有奇，總計之費不下二千有餘緡。惟是緣引所至，樂施者惟恐後，時逾一年，而財貨之用已□□□矣。即如山底村、紅土壜之大小鐵鍋，其産也，一聞舉事，輦而至者即多至數十口，其踴躍從事何如耶？而四方好義之士，傾其囊以用，襄厥事者亦多類此。猗與诚哉！豈非神之興雲降雨，靈應素懾乎人心，使之歡欣忭舞，不置與人何力之有焉？予有感於董事者，敬謹之忱與其不敢貪功之意。是爲記。

特恩庚申科舉人揀選知縣賓符韓玠撰文，儒學生員丁亥鄉飲介賓文源韓涌書丹，例授登仕佐郎候選巡政廳佩珩張殿瑩篆額。

……當、德□永、□生當、永豐當、□隆當、恒裕當、天錦號、東盛店、廣生當、齊懷玉、任咸一、永興堂、義興當、白賓、王致中、永隆當、永濟當、義生當、致祥號、四達號、永安仁，上各一兩。劉吉八錢，孫升堂、元隆號、郗秀、郗振□□□□，郗林山、郗廷元、郗廷獻、郗正□、郗在□□□□。□□□、天保定、誠意正、福隆昌□□□□，□□通盛泰，天泰號□□，閻德旺□□，小□信成號、義成鹽店、永成號、大成號□□□□，永順成、通順振□□□□，通順于、忠興店上□□□□。□□□□王才運、□□□克昌、馬□□、張福根、劉應福、□□芳、薄潤田、薄守成、王狀元、薄順成、薄元録、薄登高、劉上才，合鎮共施銀伍拾兩。□□、□□成、三益德、恒□□、□合東、興順昌□□□□，關東本□湖高順施銀二兩，寧晋縣公平店施銀二兩，定襄縣劉□□、古人□□□□。……王□、杜茂枝、陳金橋□□□□，胡生富、□東陽、萬國秀□□□□，袁三貞、袁天文、袁鳳仙、張明星、易法元、楊津、劉□忠□□□□。……施銀四兩，太□□□生郭步□□□，清城鎮，合村施銀叁拾兩，淖泥村□□李總富，李文德、王謙、王福銀，合村施銀伍兩，……施銀□兩，太原縣代家堡施銀一兩伍錢，平山□洪鎮施銀□兩。

……銀貳兩，壽陽縣小西可施銀一兩二錢。

募化……劉丕棟、王……

大清道光歲次戊子秋八月中浣穀旦。

晋祠文子祠[illegible]修碑記

[illegible]夫神者[illegible]之靈[illegible]者神之主神與人[illegible]相得益彰者也惟神澤潤蒼生保惠[illegible]庶以人而顯其靈惟人建設廟宇創脩寺院於神而書[illegible]

[illegible]山所建晋祠[illegible]

文子祠蓋已有年矣考趙氏當日自造父十餘世而有衰衰生盾或為冬日或為夏日佐晋侯以匡天下霸諸侯者大都趙氏之力居多宜乎子振振孫繩繩[illegible]

[illegible]皆卯[illegible]綏若若以享夫[illegible]也無何攻岸賈之讒下宮之難趙氏之子孫幾[illegible]杵臼[illegible]一為其易一為其難遂以趙孤匿[illegible]

[illegible]山留一線之[illegible]而其後果以韓厥言反其田邑俾所云成季之勳宣孟之忠而無後何以勸善者乃在[illegible]也[illegible]文子繼為晋卿與宋鄭之[illegible]

[illegible]之[illegible]自左史禮經者詢足以冠六卿而鼎三晋也後之人念其[illegible]每遇旱乾水溢禱之[illegible]無不靈應是以廟食孟山俎豆於不朽

也第[illegible]年湮風雨之[illegible]搖已甚殿宇之傾側實多三村人不忍坐視其圮[illegible]因舉幹事者數十人經營而整理之莫不踴躍從事以竭其力而盡其心

是以營[illegible]整潔金碧輝煌不踰年而全功告竣此固人力所存抑有神之靈以默道其間耶

邑 儒學生員 柳學生 儒士

介賓[illegible]士良 耆賓韓[illegible]琛四兩 從九品張殿瑩三[illegible] 王玉祥[illegible] [illegible]賓韓[illegible]湧二兩 耆賓李[illegible]田三兩 [illegible]二兩 韓大[illegible]五兩 [illegible]邢培功 李上明 王家炯

趙昭明二兩 張殿珠一兩 監生趙昭桂四兩 王執中二兩 監生張[illegible]二兩 監生韓志成二兩 李彩[illegible] 王桂朋 李貴順 李[illegible]珍

王聚銀[illegible] 張[illegible]全[illegible] 王元桂[illegible] 張兆明一兩 王清福二兩 劉鑑一兩 耆賓尹範五兩 武[illegible]烈 武炳昌 李裕福

郭[illegible]恭[illegible] 劉[illegible]伸二兩 趙[illegible]根二兩 監生韓[illegible]富[illegible] 庠生張[illegible]德二兩 石[illegible]璥二兩 韓太[illegible]一兩 邢道凝 副生李元[illegible] 王家[illegible]

鄭[illegible]一兩 韓世法一兩 張元[illegible] 劉光珠二兩 侯步雲二兩 張文炳一兩 張[illegible]五[illegible] 李光明 武成文 武光業

繼文武光烈撰文 三教侯[illegible]書丹 韓[illegible]篆額 王[illegible]幹一兩 王保成八[illegible] 王[illegible]八[illegible] 副生王佑才八[illegible] 李廷[illegible]六[illegible] 張根基一[illegible] 李希曾

瓦匠 張[illegible] 趙[illegible] 張德昌
木匠 武呂根 郝[illegible]林 郝[illegible]
畫匠 侯青[illegible] 張世元五[illegible]
泥匠 鄭茂[illegible] 李凌
鐵匠 李文通 [illegible]成智

興道村經理人
古[illegible]鎮經理人
神泉村經理人

大清[illegible]道光[illegible]年[illegible]之秋八月[illegible]既[illegible]立

助力僧[illegible]仲徒[illegible]

658. 晉卿文子祠重修碑記

立石年代：清道光八年（1828 年）
原石尺寸：高 137 厘米，寬 54 厘米
石存地點：陽泉市盂縣萇池鎮藏山祠

晉卿文子祠重修碑記

且夫神者陽之靈，民者神之主，神與人固相得益彰者也。惟神澤潤蒼生，保惠黎庶，以人而顯其靈；惟人建設廟宇，創修寺院，於神而盡其誠，是謂神人以和也。盂邑藏山所建晉卿文子祠，盖已有年矣！夷考趙氏當日，自造父十餘世而有衰。衰生盾，或爲冬日，或爲夏日，佐晋侯以匡天下。霸諸侯者大都趙氏之力居多，宜其子振振孫繩繩，相引於勿替，印累累綬若若，久享夫寵榮也。無何被岸賈之讒，下宫之難，趙氏之子孫幾於滅宗而廢祀矣！幸有程嬰、杵臼輩，一爲其易，一爲其難，遂以趙孤匿山中，留一綫之裔以俟後，而其後果以韓厥言，反其田，還其邑。《傳》所云：成季之勳，宣孟之忠，而無後，何以勸善者，信有徵也？迨文子繼爲晋卿，與宋、鄭之享。舉管庫之士，歌詩讓猷，載自《左史》《禮經》者，洵足以冠六卿而鼎三晋也。後之人念夫懷仁體信，每遇旱乾水溢，齋心祈禱，無不靈應。是以廟食盂山，俎豆於不朽也。第代遠年湮，風雨之漂摇已甚，殿宇之傾側實多。三村人不忍坐視其坍塌剥落，因舉幹事者数十人，經營而整理之，莫不踴躍從事，以竭其力而盡其心。是以櫓牙整潔，金碧輝煌，不逾年而全功告竣。此固人力所存，抑有神之靈以默運其間耶。

邑儒學生員纘文武光烈撰文，邑溪柳儒士祗敬侯亮采書丹，邑介賓□士良儒學生員有三韓樂篆額。

興道村經理人：耆賓韓深四兩，從九品張殿瑩三兩二，王玉祥二兩四，趙岩朋二兩，張殿珠一兩六，監生趙嵒桂四兩八，王聚銀三兩二，張全二兩四，王元桂二兩四，韓允恭二兩四，劉伸二兩，趙根二兩，鄭□命一兩六，韓世法一兩六，張元一兩六，王幹一兩六，王保成八錢，副生王皋八錢。

萇池鎮經理人：介賓韓涌二兩，耆賓李情田三兩，侯東粤二兩，韓天章五兩，王執中二兩，監生張鸞二兩，庠生韓志成二兩，李彩一兩五，張晃明一兩，王清福二兩，劉鑑一兩，耆賓尹范五兩，監生韓學書一兩，庠生張敬德二兩，石映輝二兩，韓大受一兩，劉光珠二兩，侯步雲二兩，張文炳一兩，張□五錢，王佑才八錢，李廷□六錢，張振基一兩五。

神泉村經理人：恩耆邢培功、李士朋、王家相、佾生王程朋、李貴順、李玠、武烈、武順昌、李裕富、副生邢道凝、李元璽、王家璽、李光朋、武成文、武光業、李希曾。

瓦匠：張睿、趙士明、張德昌。

木匠：武昌根、郭昌林。

画匠：郝豹、侯青雲、張世元。

泥匠：鄭茂、李凌、李文通。

鐵匠：温成智。

助力：僧廣仲，徒續珍、續昌。

大清道光戊子之秋八月既望立。

659. 創修龍王廟碑記

立石年代：清道光八年（1828 年）
原石尺寸：高 107 厘米，寬 58 厘米
石存地點：臨汾市蒲縣喬家灣鎮龍王廟

〔碑額〕：萬善同歸

創修龍王廟碑記

蓋聞人以神扶，神以人舉，有其舉之，莫敢廢也。溝南村舊有龍王尊神一座，有□無寺，不知何村所送，今以数年。去歲今歲，時遇大旱，村中祈雨，有求即應。今合社公議，□□庙宇，妝糊聖像，但村小力微，難以獨成，因而募化，共襄盛事。功成告竣，其協力施財之人，不□湮没，刻碑勒名，永垂不朽云。

邑□生喬升□手□□□□。

督工總管：褚全進、褚雙進、褚宝進。

首事：趙恒禄、褚法進、喬萬倉、趙生財、褚尚忠、李九、任三□。

募化人：李九元化錢三千四百廿文，施錢五百文。喬萬倉化錢三千七百九十文，施錢一□文。趙生財化錢四千一百文，施錢五百文。褚尚忠化錢□千□百文，施錢五百文。褚宝進化錢十九千□□□，施錢二千文。武生張廣元化錢九百九十文，施錢三百文。張俞化錢二千五百六十文。監生郭煜魁化錢一千三百七十文，施錢□百文。弓登宰化錢二千一百文，施錢二百文。程有道化錢一千一百文。褚雙進化錢四千五□□文，施錢一千文。任□□化錢三千六百文，施錢三百文。褚法進化錢四千□百文，施錢三百文。趙恒禄化錢三千□百文，施錢五百文。褚全進化錢三千文施錢一千文。

泥匠：劉世洪、郭建春共施錢二千文。

化嶺坡施錢一千一百廿文，蒲峪村施錢一千文，武家崖施錢一千文，褚尚智施錢□千文，李長富施錢一千文，生員辛逢時施錢八百文，□文龍施錢六百文，郭和娃施錢六百文，狐光□施錢五百文，辛逢熙施錢五百文，曹桐施錢五百文，劉興山施錢五百文，燕美金施錢五百文。胡永連、吴盛、喬五福、□建長、□清褚、元□□溝，以上各施錢五百文。□□□、張全，以上各施錢四百文。彭思林、王洪先、賈妞，以上各施錢二百四十文。任國順、喬敬天、武積盛、狐長安、武興集、□□虎、□九□、□生□□□，貢生張□霄，□員張毓秀、李九林、田忠元、□忠有、李增元、李增彦……李長禄、張成□、賀□□、張□武，以上各施三百文。梁存□、梁存世、梁洪學、喬世興、張□、王尚□、□□□，以上各施錢□□□□文。長□□、張□、喬□天、永□□、張盛□、□有天、恒藍□、□忠□、劉□玉、黄□會、王九□、張林元、王廷□、□□□、劉□□、弓□□、郭□□、張□□、天□號、義興號、萬益公、李如河、陳更新、任玉安……

大清道光八年十一月念五日穀旦。

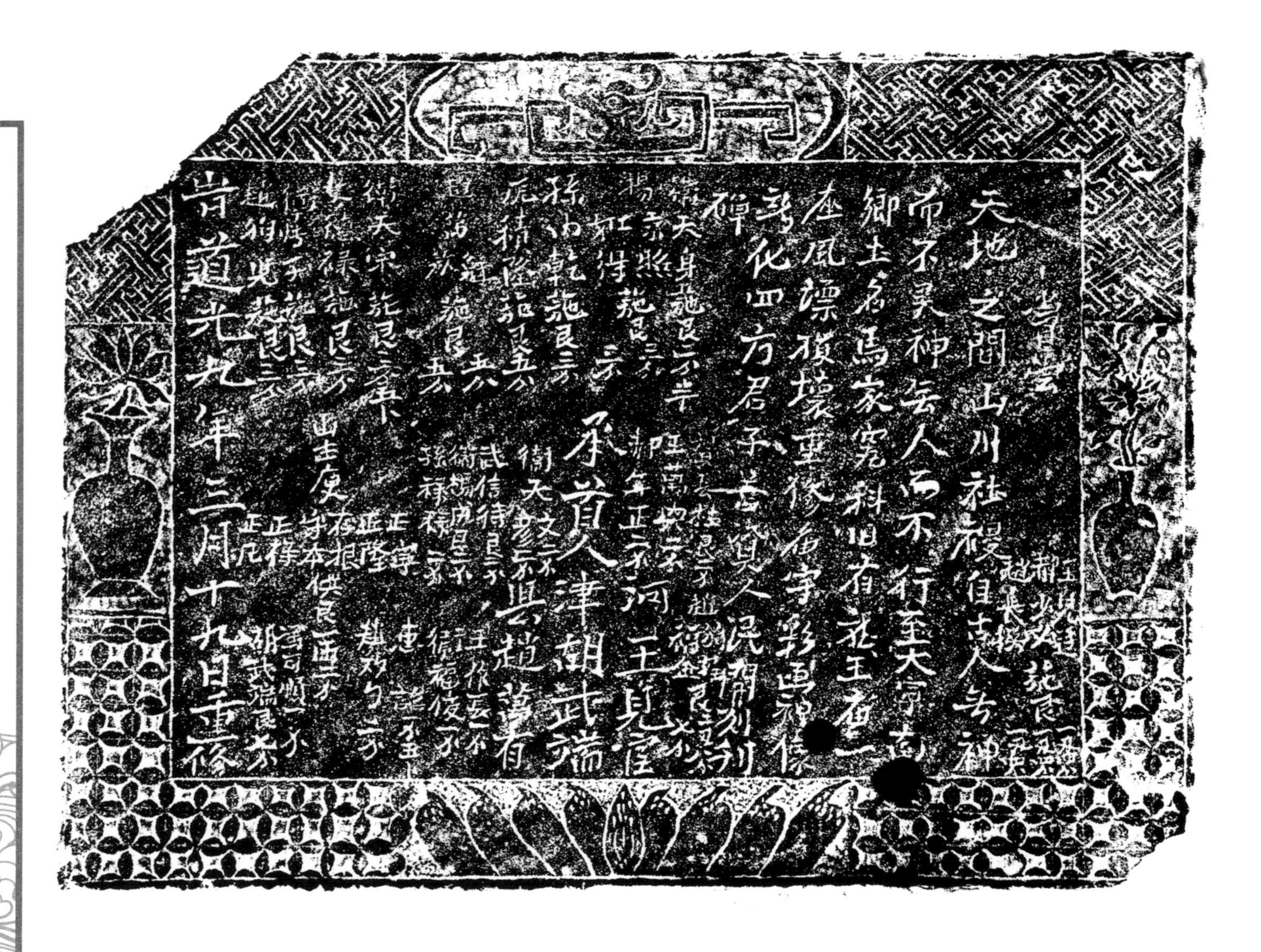

660. 重修龍王廟碑記

立石年代：清道光九年（1829 年）
原石尺寸：高 43 厘米，寬 65 厘米
石存地點：臨汾市吉縣屯里鎮馬家窑村

嘗云天地之間，山川社稷，自古人無神而不灵，神無人而不行。至大寧南鄉土名馬家窑科，旧有龍王庙一座，風漂損壞。重修庙宇，彩画神像，所化四方君子善資人民，開列刊碑。

承首人：河津縣王見官、胡武端、趙萬有。

衛天身施銀二錢半，楊□照施銀三錢，楊如得施銀三錢，孫丙乾施銀三錢，龐積隆施銀五錢，趙萬魁施銀五錢，趙萬□施銀五錢，衛天宗施銀三錢五分，□德禄施銀三錢，衛□□銀三錢，趙狗兒銀三錢，賀長□銀二錢，王□□二錢，郝年正二錢一分，衛天文二錢，衛天彦二錢，武信待銀二錢，衛楊成銀二錢，孫禄□銀二錢，王作長一錢，衛福□一錢，惠詔一錢五分，趙□□二錢，馮可順一錢，胡武端銀七錢，王見廷施銀一兩四錢，郝少必施銀一兩四錢，趙長换施銀一兩四錢，共銀一兩二錢。

山主□：正寧、正隆、存根、守本、正禄、正凡。

時道光九年三月十九日重修。

661. 重修龍神廟東廟門序

立石年代：清道光九年（1829 年）
原石尺寸：高 190 厘米，寬 75 厘米
石存地點：臨汾市曲沃縣曲沃中學

重修龍神廟東廟門序

考之邑乘“水利”所載，唐興水利，崔翳開新絳於永徽，宋息争端，李復歸十村於嘉祐，龍神大廟建立固已久矣。第廟之東南不數十武有泉一源，名曰“東流水”。其汪洋之勢雖未浩大，然源泉混混，不舍晝夜，澆灌東海……百四十餘畝，二十日一輪，周而復始。膏潤腴田，淳興苗禾，是固龍神恩澤之所覃敷也。節届清明，各備牲醴，用告虔誠，元大……修葺，皆有碑記。至本朝乾隆壬子，湘潭張邑侯宰兹沃邑，大興修建之功，命東流水灌水之家按水輪資，修建東廟□□間，曾有……庚辰清明享祀之日，大殿、享亭忽造回禄大變，當時人心緩散，争端不息，十載之□未能修葺。蒙臨川李父台莅任，有……資，大興神殿、享亭。東流水使水之家，復修東廟門□間。丹艧焕彩，藻繪增輝，不月餘而工告竣。閈閎□立……敬乎！是固千百年之盛事也，故樂爲之叙，以示久遠云爾。

（以下碑文漫漶不清，略而不録）

大清道光九年歲次己丑十月朔日穀旦立。

賜進士出身知曲沃縣事加四級隨帶軍功加一級　臨川李太老爺捐銀壹百兩

曲沃縣尉加一級大興孫　沅　[illegible]

三節二十一村每排共水六十六日七時辰每天水浪銀兩捻均　共攤入銀伍千叁百二十兩　官渠伐樹四百零七科　次年上年施[illegible]二株

一新[illegible]東河破涌滲渠水路入銀十五兩　削柴賣入銀四十式兩伍錢　平餘銀[illegible]百兩

以家道入布施銀伍兩　上官村送入布施銀一兩一錢　葛泉送入布施銀[illegible]

三節同北大殿一座並抱廈　中院[illegible]享殿一座　[illegible]

重修廟大廟門三間　兩邊道院西房二間　上院獻殿五間並樂樓　中節東廊廡一十二間　下節西廊[illegible]　道院門樓一間[illegible]

諸項費用

木料並樹使銀一千一百六十兩零二錢　磚瓦香紙使銀七百二十七兩九錢七分　石灰使銀一百四十五兩一錢　木料樹脚使銀二百八十兩零九錢　[illegible]　北山石頭使銀一百九十八兩[illegible]

雜費綵供使銀一百九十兩零二錢八分　蘇綵飲器雜貨使銀二百三十四兩二錢　土廠土塼使銀二十二兩七錢一分　麥秸麥糠使銀二十一兩六錢七分　[illegible]　南山石質使銀一百三十八兩

泥水匠工使銀七百一十七兩三錢四分　木匠使銀六百五十三兩五錢九分　鐵匠使銀五十二兩二錢五分　鮮匠使銀三百零五兩一錢九分　[illegible]使銀二百[illegible]兩三錢九分　立木搭架使銀一百一十五兩

火食使銀一百八十八兩八錢五分　淘海使銀一百二十兩零四分

魚鱗冊抄錄

龍王廟基一方伍畝四分式厘長五十壹杆闊六十五杆式尺五寸　[illegible]

祭壇地一段南北畛方形式拾式畝壹分　[illegible]

東王里二甲[illegible]共水地式分式厘坡地式十畝零式厘　[illegible]

水地一段東西畛式分式厘長一十九杆闊二杆四尺東至[illegible]

坡地一段南北畛[illegible]厘長三十七杆三尺闊式十六杆[illegible]　坡地一段南北畛式畝八分四厘長四十三杆二尺闊一十五杆三尺五寸東至[illegible]

坡地一段南北畛[illegible]分四厘長三十三杆闊[illegible]　坡地一段南北畛三畝四分三厘長三十四杆三尺闊二十三杆四尺[illegible]南至呂明晉西至[illegible]北至道[illegible]落村西南

坡地一段南北畛[illegible]畝八分三厘長五十二杆闊[illegible]　坡地一段南北[illegible]畝四分七厘長一十九杆闊一十八杆三尺東南至道西至[illegible]

坡地一段南北畛壹畝八分四厘長[illegible]十一杆闊二十杆零二尺東南西至[illegible]北至石承[illegible]村南

大清道光九年歲次己丑陽月　吉旦

662. 三節二十一村增建重修龍王廟碑記

立石年代：清道光九年（1829年）
原石尺寸：高198厘米，寬58厘米
石存地點：臨汾市曲沃縣史村鎮西海村龍王廟

賜進士出身知曲沃縣事加四級隨帶軍功加一級臨川李太老爺捐銀壹百兩。

三節二十一村每翻共水六十六日七時辰，每天水收銀捌拾兩。共攢入銀伍千叁百二十兩。官渠伐樹四百零七科。茨窑王逢年施刺柏二株。靳庄、東許破漏滲渠水罰入銀十五兩。□□賣入銀四十貳兩伍錢。平餘銀□百兩。白□送入布施銀五兩。上官村送入布施銀一兩二錢。萬泉送入布施銀五□□□。三節同建大殿一座，并□□神像十六尊、享殿一座、□□恩德祠四間、碑亭五間□小□□□小泉花墻、西北小廟門□間、道院門楼一間、厢房一間、東房三間、□□□□三間，□八角□□□□□七星□泉，重修西南大廟門三間、□□道院西房二間、上□□殿五間并樂楼、中節東廊廡一十二間、下節西□□□十二間。嗣後□有修理，各修各節□建，至於□南大廟……

諸項費用：木料并樹使銀一千一百六十兩零二錢、磚瓦脊獸使銀七百二十七兩九錢七分、石灰使銀一百四十五兩一錢、木料□□使銀二百八十兩零九錢……九□兩零四錢四分、北山石頭使銀一百九十八兩五錢、雜費家俱使銀一百九十兩零二錢八分、麻□鐵器雜貨使銀二百三十四兩二錢、土廠土培使銀二十二兩七錢一分、麥□麥尾使銀二十一兩六錢七分……四兩七錢六分、南山石貨使銀一百三十八兩、泥水匠工使銀七百一十七兩三錢四分、木匠使銀六百五十三兩五錢九分、鐵匠使銀五十六兩二錢五分、□匠使銀三百零五兩一錢九分、□□□□使銀二百零一兩三錢九分、立木搭架使銀一百一十五兩、火食使銀一百八十兩八錢五分、淘海使銀一百二十兩零四分。

魚鱗印册抄録：龍王廟基一方五畝四分貳厘，長五十四杆，□□十五杆貳尺五寸。東□□，南□□，□□□，北至海，□□村東。

祭壇地一段，南北畛，方形，貳拾貳畝壹分□□，長七十六杆，□七十杆，……吉尚全，北至……

東王里二甲龍□觀共水地貳分貳厘，坡地貳十畝零貳厘，□上水地過□西北，正德十五年碑可考，糧亦在上。

水地一段，東西畛，貳分貳厘，長一十九杆，□二杆四尺，東至渠，南至吕□俊，西至渠，北至道，坐□□□。坡地一段，南北畛，貳畝八分四厘，長四十三杆二尺，□一十五杆三尺□寸……。坡地一段，南北畛，肆畝零七厘，長三十七杆三尺，闊貳十六杆，東□業，□□□明□，□至吕明□，□□道，坐落村西南。坡地一段，南北畛，三畝四分三厘，長三十四杆三尺，闊二十三杆四尺，□□□□旺，南至吕明晋，西至業……坡地一段，南北畛，肆畝五分四厘，長三十三杆，闊三十三杆，東至道，南至□，西至□，北至道，坐落村南。坡地一段，南北畛，壹畝四分七厘，長一十九杆，闊一十八杆三尺，東南至道，西至……坡地一段，南北畛，壹畝八分三厘，長五十杆，□九杆□四寸，東西至□……坐落村南。坡地一段，南北畛，壹畝八分四厘，長二十一杆，闊二十杆零二尺，東南西至□，北至石承□，坐落村南。

曲沃縣尉加三級大興孫沅書丹。

大清道光九年歲次己丑陽月吉旦。

663. 挑浚星海記、重修温泉海廟記、重修龍神大殿并淘七星海碑

立石年代：清道光九年（1829 年）
原石尺寸：高 198 厘米，寬 58 厘米
石存地點：臨汾市曲沃縣史村鎮西海龍王廟

挑浚星海記

□□禹之治水也，曰疏瀹，曰决排。疏瀹者，通其流之謂也；决排者，去其□□□也。□其流通，則水不滯；其塞去，則水不壅。當年禹施□□之功，而後四海成會同之治，頌明德，稱神禹而贊爲千古之弗可及□，□□以哉！余境有□□海，水發源自本莊，遞流於西亭，灌溉上中下三□□十一村而共沐龍澤焉，功至宏也。清明日集，歲祀明禋，典至巨也。但水出卑下，兼之東西距南溝地，支流不無□□淤泥□□，□故原□□是也，而涌出者則病其多阻，灌溉猶是也。而地□者則□□□□，□者曰是非挑浚不□□，然非□人則不勝厥任也。余□□□渠長之責，有志斯舉，□奉部文，於是替□中下兩節渠長，□□□□一莊管水甲頭，計水輪□，按地興工。總理者不辭其勞，效力者樂趨其事，不數日而水洋洋而流蕩蕩。功竣勒碑，非敢謂與昔□□美也。第向之病其多阻者，而今則順流無滯矣，向之病其弗周□，□今則遍溉無遺矣，□水潤下未嘗無少補焉。余故告其事之有終，而樂□□□。

邑□生吕大智撰。

乾隆三年二月碑。

重修温泉海廟記

温泉海水被恩者二十一莊矣。沐神之惠，自應報神之功，故□□特薦，用伸俎豆之誠，而廟貌維新，務極壯麗□□。□有宋□□水例□定，建廟□□，□所以□□祀而妥神靈也。特是自宋迄清，代不一世，風雨之飄摇既久，棟梁之傾裂何極。左顧右盼，兩廊僅存故址，仰視俯瞻，獻殿致□毀敗。雖□□猶行清明……黍稷維□□□空文，□□□□特成故事。古續□無，誰不傷心？乃節列乎上中下，而村分□二十一，衆□難調，誰興更新之意？人心□□，□舉□修大事。此毀敗幾百年，而修葺者究□興於一日也。幸邑侯湘潭張夫子□□沃土，念民命需乎稼穡，而禾苗猶賴水功，因隆報享重典，遂起修建□□，□施俸金不惜二十有餘，各諭村莊捐資五百之多。余等荷神之庥，□公□□，□不奮厥謀而踴躍從事者哉？爰是鳩工庀材，舉□垣之摧圮者築之、□之，□□之朽壞者植之、□之，增其廊廡，崇其殿樓，焕然生色，□蔚然起觀，□斯廊者無不□然起敬，而頌我公倡導之功於不朽。是役也，經始於己卯冬，竣事於壬午春，□□二載有奇，□□功固已成焉。□□□理分任，各勤厥職，錙銖毫末，□敢有私，凡所以□神明而體公意也。余是以樂爲之序。

本郡□□張□泳撰。

乾隆二十七年二月碑。

重修龍神大殿并淘七星海碑

粤自海水□於唐宋，經富□公諸大臣奏：以沃邑三村移割翼邑，十村屬曲沃，而訟獄甫息。

□□廣被，□□之建由來舊矣。迨元大德，倏遭地震，傾圮殆甚。泰定至順年間，重爲建□，而大殿屹然壯觀。越明嘉靖至本朝康熙，修理者甚夥，報神功也。即乾隆壬午，邑侯張公命上節重修□□，中下二節□□左右兩廊，使清明禋祀各有定所，次序而不紊者亦皆用以答神庥也。獨是大殿歷年久遠，風雨飄摇，挑角不無損壞，周圍厢廳亦皆頹□，三節渠長目擊心□。因集二十一莊管水甲頭，議舉公直，□爲修理，□□水時日各輸資財。復議及七星海水，自乾隆戊午浚淘，屢歲大雨，淤泥□積，蔓□□生，□□□□□不涌，亦按使水時日輸資，興工浚淘。自六月動工，至九月告竣，由是大殿巍巍煥然維新矣，原泉□□□舍晝夜矣。是皆三節渠長有董事之長才，諸村甲頭經理之勤勞也。固宜二十一莊父老子弟食德飲和、被澤於無□焉。是爲序。

録記。

邑庠生石振聲和鳴甫撰。

嘉慶四年歲次己未十一月立。

〔注〕：清道光九年（1829年）十月刊，本碑係重刻碑。其中《挑浚星海記》原刊于清乾隆三年（1738年）二月，《重修温泉海廟記》原刊于清乾隆二十七年（1762年）二月，《重修龍神大殿并淘七星海碑》原刊于清嘉慶四年（1799年）十一月，重刻時三碑集于一碑。

《挑浚星海記、重修温泉海廟記、重修龍神大殿并淘七星海碑》拓片局部

二次起捌自下淮上却復交與張亭村輪流使水
第二捌下節七村共使水二十三日九時辰
張亭村四月二十四日戌時爲始至本月三十日巳時爲滿共該五日八時辰滲渠水三日在内
西許村五月初二日子時爲始至本月初三日酉時爲滿該使水一日十時辰
聽城村五月初七日丑時爲始至本月十一日子時爲滿該使水四日
河上村五月十八日丑時爲始至本月二十一日午時爲滿該使水二日
得雖近從遠處爲民誑妄嚇要衆人縛浮萍又使水一日六時辰　後有刁潑衛世中逐告
中節六村使水二十一日十時辰
西常村五月二十一日未時爲始至本月二十五日午時爲滿該使水四日
北常北村五月二十八日未時爲始至本月二十九日丑時爲滿該使水七時辰
吉許村六月初三日巳時爲始至本月初九日辰時爲滿該使水六日
上節八村共該使水二十一日
東縣册村六月十三日巳時爲始至本月十七日辰時爲滿該使水四日
北王村六月二十日巳時爲始至本月二十五日辰時爲滿該使水五日
郭寺城庄六月二十七日巳時爲始至本月二十九日辰時爲滿該使水二日
郇庄村七月初一日巳時爲始至本月初二日辰時爲滿該使水一日

東亭村四月三十日午時爲始至五月初一日亥時爲滿該使水一日六時辰
東許村五月初三日戌時爲始至本月初七日子時爲滿該使水三日三時辰
靳庄村五月十二日丑時爲始至本月十八日子時爲滿該使水七日
東常村五月二十五日未時爲始至本月二十八日午時爲滿該使水三日
郇村五月二十九日寅時爲始至六月初三日辰時爲滿該使水四日三時辰
西縣册村六月初九日巳時爲始至本月十三日辰時爲滿該使水四日
北王西村六月十七日巳時爲始至本月二十日辰時爲滿該使水三日
西陽城村六月二十五日巳時爲始至本月二十七日辰時爲滿該使水二日
温泉村六月二十九日巳時爲始至七月初一日辰時爲滿該使水二日
東薛村七月初二日巳時爲始至本月初四日辰時爲滿該使水二日

664. 重刻元二次起翻自下灌上却復交與張亭村輪澆使水碑

立石年代：清道光九年（1829 年）
原石尺寸：高 198 厘米，寬 58 厘米
石存地點：臨汾市曲沃縣史村鎮西海村龍王廟

二次起翻自下灌上却復交與張亭村輪澆使水。

第二翻下節七村共使水二十三日九時辰：

張亭村四月二十四日戌時爲始，至本月三十日巳時□□，共該五日八時辰，滲渠水三日在内。東寧村四月三十日午時爲始，至五月初一日亥時爲□，□使水一日六時辰。

西許村五月初二日子時爲始，至本月初三日酉時爲滿，該使水一日十時辰。東許村五月初三日戌時爲始，至本月初七日子時爲滿，該使水三日三時辰。

聽城村五月初七日丑時爲始，至本月十一日子時爲滿，該使水四日。靳庄村五月十一日丑時爲始，至本月十八日子時爲滿，該使水七日。

河上村五月十八日丑時爲始，至本月二十一日午時爲滿，該使水二日。後有刁潑衛世中返告……民，誑妄□□□□人□浮萍，又使水一日六時辰。

中節六村使水二十一日十時辰：

西常村五月二十一日未時爲始，至本月二十五日午時爲滿，該使水四日。東常村五月二十五日未時爲始，至本月二十八日午時爲滿，該使水三日。

北常北村五月二十八日未時爲始，至本月二十九日丑時爲滿，該使水七時辰。郇村五月二十九日寅時爲始，至六月初三日辰時爲滿，該使水四日三時辰。

吉許村六月初三日巳時爲始，至本月初九日辰時爲滿，該使水六日。西縣册村六月初九日巳時爲始，至本月十三日辰時爲滿，該使水四日。

上節八村共該使水二十一日：

東縣册村六月十三日巳時爲始，至本月十七日辰時爲滿，該使水四日。北王西村六月十七日巳時爲始，至本月二十日辰時爲滿，該使水三日。

北王村六月二十日巳時爲始，至本月二十五日辰時爲滿，該使水五日。西陽城村六月二十五日巳時爲始，至本月二十七日辰時爲滿，該使水二日。

郭寺城庄六月二十七日巳時爲始，至本月二十九日辰時爲滿，該使水二日。温泉村六月二十九日巳時爲始，至七月初一日辰時爲滿，該使水二日。

郇庄村七月初一日巳時爲始，至本月初二日辰時爲滿，該使水一日。東韓村七月初二日巳時爲始，至本月初四日辰時爲滿，該使水二日。

665. 重刻元大德拾年定水法例分定日時碑記

立石年代：清道光九年（1829 年）
原石尺寸：高 198 厘米，寬 58 厘米
石存地點：臨汾市曲沃縣史村鎮西海村龍王廟

大德拾年定水法例分定日時。

興水爲始，頭翻七村使水二十三日九時辰，逐年二月十五日卯時起：

張亭村二月十五日卯時使水，至本月二十日戌時爲滿，浸渠水三日在内，共使水五日八時辰。□澆入官額水地一百五十三畝五分。東寧村二十日□時爲始，至本月二十二日辰時爲滿，使水一日六時，澆入官額水地七十七畝七分。

西許村二十二日巳時爲始，至本月二十四日寅時爲滿，使水一日十時，該澆入官額水地七十五畝二分。東許村二十四日卯時爲始，至本月二十七日巳時爲滿，使水三日三時，澆入官額水地一百八十五畝七分。

聽城村二十七日午時爲始，至三月初一日巳時爲滿，使水四日，該澆入官額水地一百八十二畝七分。靳庄村三月初一日午時爲始，至本月初八日巳時爲滿，使水七日，該澆入官額水地五百一十五畝。

河上村三月初八日午時爲始，至本月初十日未時爲滿，使水二日，該澆入官額水地二百七十四畝□分。□有□□□世中□告□□，遷□□處，爲民誑妄，□要□□人□□□，又使水一日六時。

中節六村頭翻使水共二十一日時辰：

西常村□月十二日子時爲始，至本月十五日亥時爲滿，使水四日，該澆入官額水地一百七十五畝。東常村三月十六日子時爲始，至本月十八日亥時爲滿，使水三日，該澆入官額水地一百三十三畝。

北常北三月十九日子時爲始，至本日午時爲滿，使水七時辰，該澆入官額水地一十六畝九分。郇村三月十九日未時爲始，至本月二十三日酉時爲滿，使水四日三時辰，該澆入官額水地一百七十六畝五分。

吉許村三月二十三日戌時爲始，至本月一十九日酉時爲滿，使水六日，該澆入官額水地二百八十一畝七分。西縣册村三月二十九日戌時爲始，至四月初三日酉時爲滿，使水四日，該澆入官額水地一百五十八畝。

上節八村頭翻使水共二十一日：

東縣册村四月初三日戌時爲始，至本月初七日酉時爲滿，使水四日，該澆入官額水地一百六十九畝二分。北王西村四月初七日戌時爲始，至本月初十日酉時爲滿，使水三日，該澆入官額水地一百三十五畝。

北王村四月初十日戌時爲始，至本月十五日酉時爲滿，使水五日，該澆入官額水地二百畝。西楊城村四月十五日戌時爲始，至本月十七日□時爲滿，使水二日，該澆入官額水地一百二十三畝。

郭寺城庄四月十七日戌時爲始，至本月十九日酉時爲滿，使水二日，該澆入官額水地六十四畝五分。温泉村四月十九日戌時爲始，至本月二十一日酉時爲滿，使水二日，該澆入官額水地

一百二十畝。

郇庄村四月二十一日戌時爲始，至本月二十二時酉時爲滿，使水一日，該澆入官額水地六十畝九分。東韓村四月二十二日戌時爲始，至本月二十四日酉時爲滿，使水二日，該澆入官額水地八十五畝。

三節正翻次序共使水六十六日七時辰，外有滲渠水三日。一輪共總使水六十九日七時辰爲滿，共二十一村輪翻依次已盡，如天地循環，周而復始。

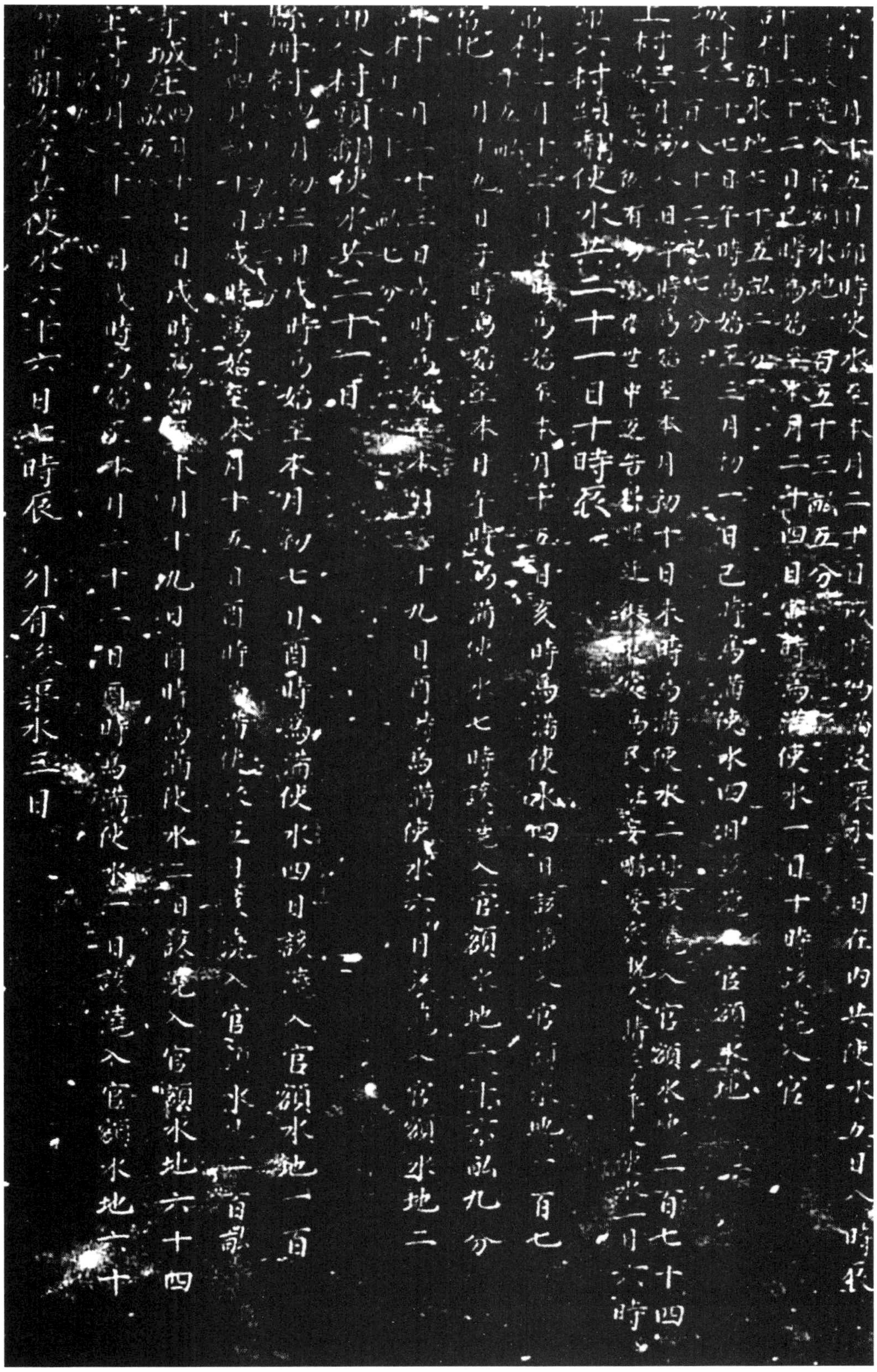

《重刻元大德拾年定水法例分定日時碑記》拓片局部

666. 修復七星泉水利重建龍神廟碑文

立石年代：清道光九年（1829 年）
原石尺寸：高 198 厘米，寬 58 厘米
石存地點：臨汾市曲沃縣史村鎮西海村龍王廟

修復七星泉水利重建龍神廟碑文

七星泉，一名七星海，以泉有七而利廣也；又名龍泉；其氣尚温，故又名温泉。在縣東北三十里海□□。唐永徽元年，邑令□□引以溉田百餘頃，即《新唐書》所謂□□□也。受溉者二十一村：西海、温泉、南韓、郭寺城、王村、西楊城、北王、西□册、周庄、吉許、郇村、東常、西常、北……城、東許、□許、東□、西□。□□□□村之□，□□澆灌，□□□甲頭領之，照依霍渠水法立定條例。其餘水三分引以注儒學泮池，流入城壕以西匯於□，歷宋、金、元、明，□有□□。嘉靖……過水橋□□，□是水不入□□二百年，然溉田之利自在也。我朝乾隆二十一年，湘潭張公知縣事，精堪輿之□，謂隨龍之水最爲貴氣，水得復入城。其時修舉□□□□，并出磚瓦木石丹□之……流速，事□□□後二十餘年，渠多淤不治，水益微，番香一寸五分，灌地□七八分。嘉慶年間，訟事叠□，人心狡憤，往往水地旱種……神廟火而泉脉亦欲枯矣。道光七年閏夏，余來莅沃，搜閱舊卷，戚然有動於中。再三相度其地，信其利之可復，而縉紳耆老□□□。竊謂……又聽厥利之□，官之咎也。人□如泉，務浚而通之，則神明發而華脉滋矣。齊三日，集二十一村之人，開誠語之至再至三，皆忻然從命。於是舉渠□使治渠，□□□□□廟。□沄沄然珠拋而玉涌也，廟翼翼然鳥革而翬飛也。民是以大和，年是以屢豐，上下有嘉德而無違心。此得非守土者之慶幸乎？是役也，渠工分段分村治之，□□□而已，三月而成，無費財。廟工計地攤錢，起瓦礫之餘，年餘始竣，計費五千餘金。惟民重祀神，經理者又皆矢公矢慎，故傷財而民悦。……如此，抑余有感焉。始事之日尼之者衆，余批甲頭呈詞，有告之神明，當使泉脉涌發，在在暢流之語。友人見之曰：君奈何放言及此……流不暢，將如之何？余曰：不然，人和則天應之，神亦助之矣。夫以余德之薄，又拙於爲政，而民信之，而競以集事。然則謂任事爲難，□□□□之，是□□□□□也，天且□□矣。余自是其益知自勵乎！至引水入城，工程費用皆出於紳士，亦以紳士董其役，蓋別有記云。

賜進士出身知曲沃縣事加四級隨帶軍功加一級臨川榆村甫李培謙謹撰。

第三翻減半使水不節七村共使水一十一日九時辰半
張亭村七月初四日巳時為始至本月初八日申時為滿該使水三日在四
共使水四日四時辰
西許村七月初九日午時為始至本月初十日辰時為滿 該使水一十一時辰
曉城村七月十二日子時為始至本月十四日子初上四刻時分為滿 該使水二日
干七村七月十七日午時為始至本月十九日寅時為滿 該使水一日 [illegible]有少於滑世中返告
罪延誤憂恐為民訟要嘱要衆晩人時浮萍大使水九時辰
中翻六村該使水一十日一十一時辰
西堡村七月十九日卯時為始至本月二十一日寅時為滿 該使水二日
北勞村七月二十二日酉時為始至本月二十三日子時四刻為滿 該使水三時四刻
古許村七月二十五日寅時為始至本月二十八日丑時八刻為滿 該使水三日
上節八村共該使水一十日六時辰
[illegible]縣用七月三十日寅時為始至八月初二日丑時八刻為滿 該使水二日
北王村八月初三日申時為始至本月初六日丑時八刻為滿 該使水二日六時辰
郭下城庄八月初七日寅時為始至本月初八日丑時為滿 該使水一日
邢王村八月初九日寅時為始至本月初十日未時為滿 該使水六時辰

東亭村七月初八日酉時為始至本月初九日巳時為滿該使水九時辰
東許村七月初十日巳時為始至本月十一日夜亥末子初上四刻為滿該使水一日七時辰半
靳庄村七月十四日子正時為始至本月十七日巳時為滿該使水三日六時辰
東常村七月二十一日卯時為始至本月二十二日申時為滿該使水一日六時辰
郇村七月二十三日子時為始至本月二十五日丑時八刻為滿該使水二日一時四刻
西縣用七月二十八日寅時為始至本月三十日丑時八刻為滿該使水二日
北王西八月初二日寅時為始至本月初三日未時為滿 該使水一日六時辰
西陽城八月初六日寅時為始至本月初七日丑時為滿 該使水一日
溫泉村八月初八日寅時為始至本月初九日丑時為滿 該使水一日
東韓村八月初九日申時為始至本月初十日未時為滿 該使水一日

每年渠東每水上中下三節共二十一村人民使水用三箇渠長管理其更換俱屬張亭村使頭水人婁保恐上庄有所偏私遂年於二月十五日為始使水至八月初十日未時為滿
三節使水日數共計一百七十五日五時辰四刻已盡徹畢終矣按曆日推算日期的確不依小月真正實輪日朔時刻日次並無差誤訛謬之志

黃河流域水利碑刻集成·山西卷 五

667. 第三翻誠半使水碑

立石年代：清道光九年（1829 年）

原石尺寸：高 198 厘米，寬 58 厘米

石存地點：臨汾市曲沃縣史村鎮西海村龍王廟

第三翻減半使水，下節七村共使水一十一日九時辰半：

張亭村七月初四日巳時爲始，至本月初八日申時爲滿，滲渠水三日在内，共使水四日四時辰。東寧村七月初八日酉時爲始，至本月初九日巳時爲滿，該使水九時辰。

西許村七月初九日午時爲始，至本月初十日辰時爲滿，該使水一十一時辰。東許村七月初十日巳時爲始，至本月十一日夜亥末子初上四刻爲滿。該使水一日七時辰半。

聽城村七月十二日子時爲始，至本月十四日子初上四刻時分爲滿，該使水二日。靳庄村七月十四日子正時爲始，至本月十七日巳時爲滿，該使水三日六時辰。

河上村七月十七日午時爲始，至本月十九日寅時爲滿，該使水一日，後有□□□世中返告□□，迁徙遠處爲民，誑妄嚇要衆□人賆浮萍，又使水九時辰。

中節六村該使水一十日一十一時辰：

西常村七月十九日卯時爲始，至本月二十一日寅時爲滿，該使水二日。東常村七月二十一日卯時爲始，至本月二十二日申時爲滿，該使水一日六時辰。

北常北七月二十二日酉時爲始，至本月二十三日子時四刻爲滿，該使水三時四刻。郇村七月二十三日子時爲始，至本月二十五日丑時八刻爲滿，該使水二日一時四刻。

吉許村七月二十五日寅時爲始，至本月二十八日丑時八刻爲滿，該使水三日。西縣册七月二十八日寅時爲始，至本月三十日丑時八刻爲滿，該使水二日。

上節八村共該使水一十日六時辰：

東縣册七月三十日寅時爲始，至八月初二日丑時八刻爲滿，該使水二日。北王西八月初二日寅時爲始，至本月初三日未時爲滿，該使水一日六時辰。

北王村八月初三日申時爲始，至本月初六日丑時八刻爲滿，該使水二日六時辰。西陽城八月初六日寅時爲始，至本月初七日丑時爲滿，該使水一日。

郭寺城庄八月初七日寅時爲始，至本月初八日丑時爲滿，該使水一日。温泉村八月初八日寅時爲始，至本月初九日丑時爲滿，該使水一日。

郇庄村八月初九日寅時爲始，至本月本日未時爲滿，該使水六時辰。東韓村八月初九日申時爲始，至本月初十日未時爲滿，該使水一日。

每年温泉海水上、中、下三節共二十一村人民使水，用三個渠長管理，其更换俱屬張亭村使頭水人舉保。恐上庄有所偏私，逐年於二月十五日爲始，使水至八月初十日未時爲滿，三節使水日数共計一百七十五日五時辰四刻，已盡徹畢終矣。按曆日推算日期，的確不依小月，真正實輪日期時刻日次，并無差誤訛謬之忒。

668. 重修夏禹神祠碑記

立石年代：清道光十年（1830年）
原石尺寸：高50厘米，寬70厘米
石存地點：長治市平順縣陽高鄉侯壁村

重修夏禹神祠碑記

且神祠之建，非祀其功，即報其德，由來久矣。故今此下民要必求廟貌壯觀，殿宇輝煌，以示誠敬之必著，平日之不忘焉耳。嘗讀《尚書》，夏禹治水，功莫大焉，《貢謨》所稽，德何如也？謂非斯人之所當祀而當報者乎？兹土舊有夏禹神祠，不知創自何代，但年湮代遠，土崩瓦解，狂風淫雨，屋宇傾頹。每逢春祈秋報，聖神壽誕之辰，恒有目睹心傷者。以故合村公議，按地畝捐斂資財，逐户族催促工役，重修補葺，共襄盛事。略加增補，亦不足以壯觀，敢言功乎？成工之日，刻以誌年月日云爾。是爲序。

生員任肯堂撰。

悠明當施錢二千文，永聚公施錢一千五百文，隆泰號施錢一千文，張進榮施錢二千文，牛萬年施錢三百文，張□□□錢二百文，任從添錢二百五十文，任禎祥錢二百五十文，泰來號施□五百文，文興號施錢一千八百文，史天永施錢二百文，張魁年施錢二百文。

維首人：刘造、牛克用、任平、□王清、刘于時、牛克寬、崔夅秀、耿必明、王興寬每人錢二百文，李味彦、任庫、牛寬貴、張作美、耿祥、耿保全、任武魁、牛虎、李發每人錢一百五十文，任廣元、趙忠禮、陳起貴、任□元、張□□、□永旺、刘鎮川、崔愈明、任從有、牛相忠每人錢一百文。

玉工：劉進義。

道光十年三月十七日立。

669. 成湯殿碑記

立石年代：清道光十年（1830 年）
原石尺寸：高 171 厘米，寬 65 厘米
石存地點：晋城市陽城縣河北鎮下交村湯帝廟

析城山踞邑之西南，巍峨磅□，周數百里，□□□成湯禱雨之處。宋熙寧九年，請雨有應，宣和七年，命有司奐而新之，自是而□之廟祀遍一邑□。山之麓有聚落曰峪村，中有湯帝行宫，創建之始，莫詳其人，□□經□修而□卑且隘，曷稱王□？兼之上漏旁穿，弗□風雨，□□者咸以爲未便。有□□□□，鄉之善士也……村衆，□□□而大之，僉曰："……旁無隙地，衆□無所□其力。"李君曰："是何難哉？"即與胞弟元興共施正□殿地基壹塊，慨然以興修爲己任，而村之居民亦□樂助之。於是……李君、□□李君、□□李君、□□李君等收錢糧。□□□春李君、□台李君、聚義李君、□泰李君等□工。社首□□李君、晋□□□、□端李君、天臺……宗柏李君等□□興工……棟宇之宏，階室之廣，三倍厥初。復建□旁翼室六間，□祀□王□，西祀高□神，所……社□□。工興於道光七□□□□□□日，至□□□□□日落成焉。李君福興等述其巔末，□餘一□□記。余以□李君□□於前，□□事□力□□，其心可嘉，其□均不可泯，□□□石，以告□□。

儒學生員畢允中沐手撰并書。

大清道光十年七月初一日李福興等同立石。

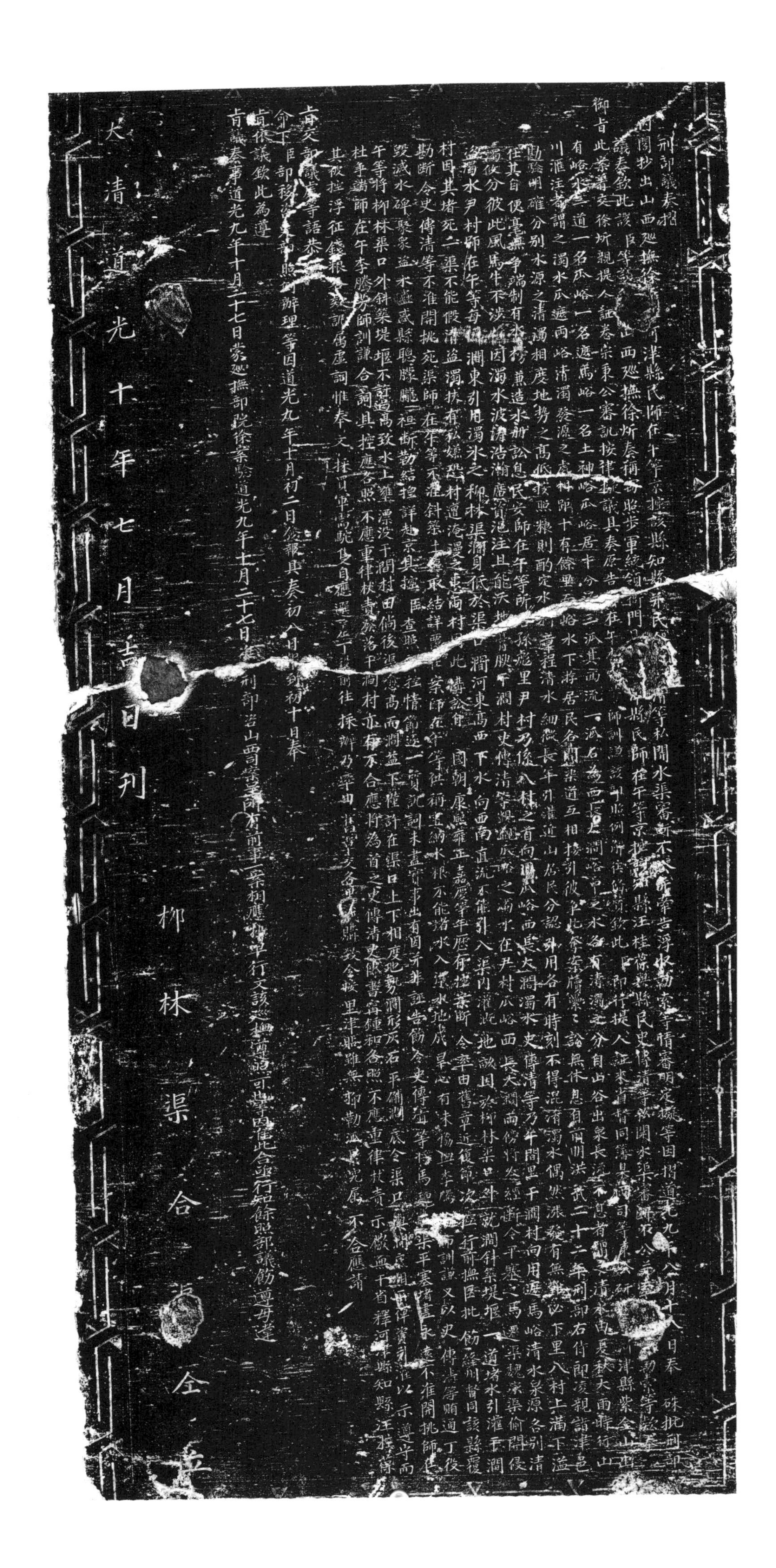
大清道光十年七月吉日刊
柳林渠合[illegible]全立

670. 刑部議奏摺碑

立石年代：清道光十年（1830 年）
原石尺寸：高 147 厘米，寬 64 厘米
石存地點：運城市河津市僧樓鎮尹村

刑部議奏摺

内閣抄出山西巡撫徐，河津縣民師在午等，京控該縣知縣并民人□□□等，私開水渠，審断不公，并牽告浮收勒索等情，審明定擬等因摺。道光九年八月十八日，奉硃批刑部議奏。欽此。該臣等議山西巡撫徐炘奏稱，窃照步軍統領衙門具□□縣民師在午等，京控該知縣汪桂葆與縣民史傳清等，私開水渠，審断不公，并牽□□□勒索等款。奉御旨，此案着交徐炘親提人證、卷宗，秉公審訊，按律擬議具奏。原告□在午、李□芳、師訓謙，該部照例解往備質。欽此。臣即行提人證來省，督同藩臬兩司等秉公研□。□河津縣紫金山出有峪水三道，一名瓜峪，一名遮馬峪，一名土神峪。瓜峪居中，分流三派，其西流一派名爲西長大澗，峪中之水各有清濁之分。自山谷出泉，長流不息者謂之清水，由夏秋大雨時行山川匯注者謂之濁水。瓜、遮兩峪清濁發源之處，相距十有餘里，而峪水下游居民各開渠道，互相接引，彼争此奪，案牘纍纍，訟無休息。自前明洪武二十二年，刑部右侍郎凌親詣津邑勘驗，明確分别水源之清濁，相度地勢之高低，按照粮則酌定水利章程。清水細微，長年引灌，近山居民分認引用，各有時刻，不得混淆。濁水偶然漲發、有無，難必下里八村上滿下溢，任其自便，毫無争端，制有水榜，兼造水册，訟息民安。師在午等所□孫彪里尹村，乃係八村之首，向用瓜峪西長大澗濁水。史傳清等乃午間里干澗村，向用遮馬峪清水，泉源各别，清濁攸分，彼此風馬牛不涉。惟因濁水波涛浩瀚，廣資浥注，且能沃地膏腴。干澗村史傳清等覬覦瓜峪之濁水，在尹村瓜峪西長大澗兩傍，將久經断令平塞之馬遷渠、魏家渠偷開，侵盗濁水。尹村師在午等每□澗東引用濁水之柳林渠，澗身低於渠口，澗河東高西下，水向西南直流，不能引入渠内灌溉地畝，因於柳林渠口外，就澗斜築堤堰一道，堵水引灌。干澗村因其堵死二渠，不能假清盗濁，挾有私嫌，恐村遭淹漫之患，兩村因此構訟。自國朝康熙、雍正、嘉慶等年，歷有控案，断令率由舊章，近復節次控行。前撫臣批飭絳州督同該縣覆勘，断令史傳清等，不准開挑死渠，師在午等不准斜築土堰，取結詳覆在案。師在午等供稱，空納水粮，不能堵水入渠，水地成旱，心有未協；與李騰□、師訓謙，又以史傳清等賄通丁役，毁滅水碑，聚衆盗水，蠱惑縣聰，朦朧袒断，勒結捏詳，赴京具控。臣查照□控情節，逐一質訊，詞未盡實，事出有因，并非誣告，飭令史傳清等將馬魏二渠平塞堵盡，永遠不准開挑。師在午等將柳林渠口外斜築堤堰，不許過高，致水上壅，漂没干澗村田。倘後渠愈高而澗益下，僅許在渠口上下，相度地勢，澗形灰石，平鋪澗底，令渠口與澗底相平，俾資引灌，以示遵守，而杜事端。師在午、李騰芳、師訓謙合詞具控，應各照不應重律，杖責發落。干澗村亦有不合應，將爲首之史傳清、史傳書、甯鍾和各照不應重律，杖責示儆，無干省釋。河津縣知縣汪桂葆其被控浮征錢粮各款，訊屬虚詞，惟奉文采買軍需駝隻，自應選差丁役，前往采辦，乃率由舊章，交各里□購，致令按里津貼，雖無抑勒派，累究屬不合應，請旨交部議處等語，恭命下臣部移咨吏部，照例辦理等因，道光九年十月初二日發報具奏，初八日報到，初十日奉旨依議。欽此。爲遵旨議奏事，道光九年十月二十七日，蒙巡撫部院徐案驗。道光九年十月二十七日，准刑部咨山西司案呈所有前事一案，相應抄單，行文該巡撫遵照可也。

等因准此。合亟行知，餘照部議。飭遵毋違。

柳林渠合渠同立。

大清道光十年七月吉日刊。

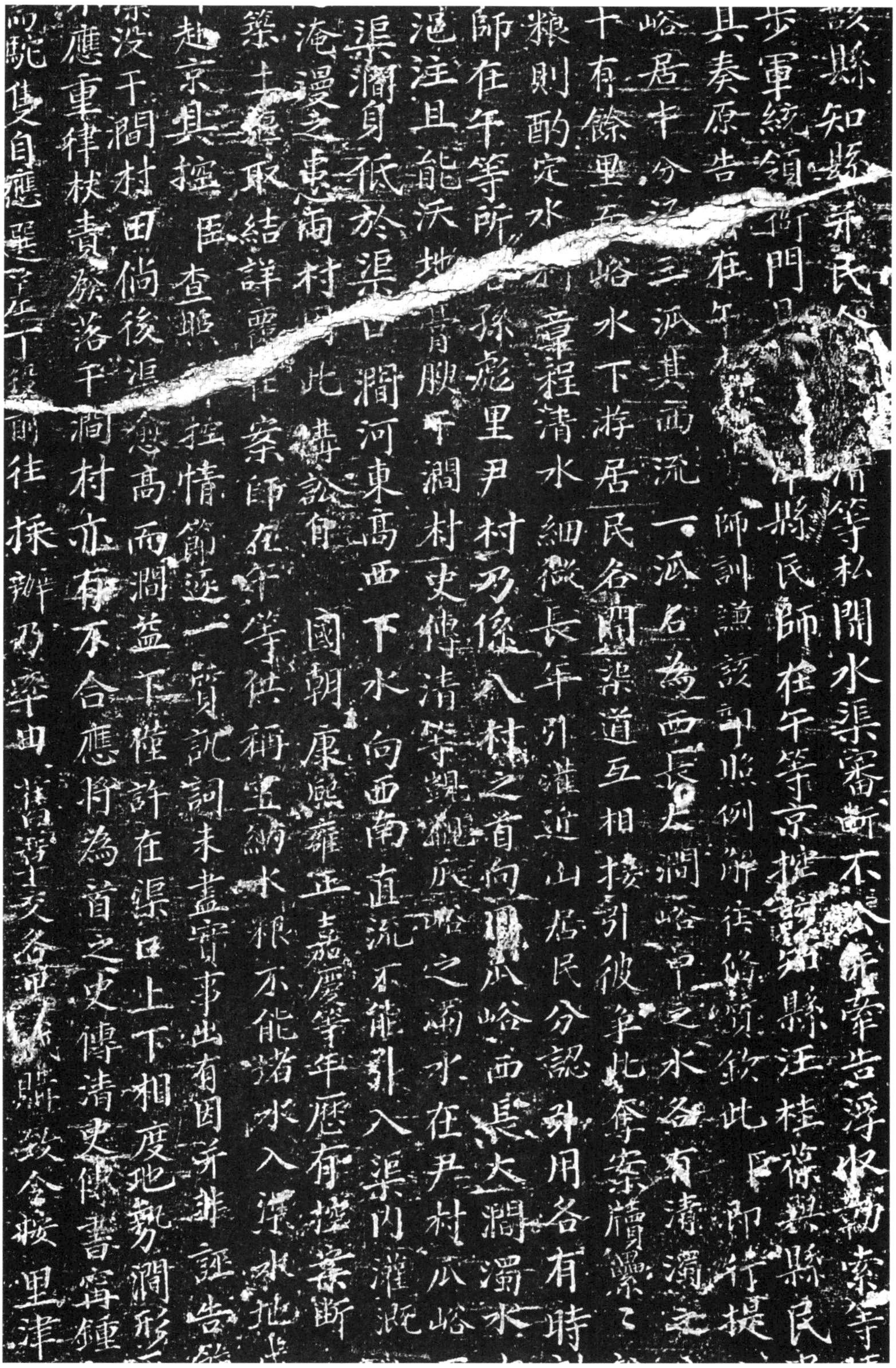

《刑部議奏摺碑》拓片局部

671. 龍神廟重修碑記

立石年代：清道光十年（1830 年）
原石尺寸：高 152 厘米，寬 72 厘米
石存地點：朔州市朔城區滋潤鄉大霍家營村

〔碑額〕：奕世

龍神庙重修碑記

蓋聞莫爲之前，雖美□□□；莫爲之後，雖盛而弗傳。吾村舊有龍神庙，溯厥由来，實自吾先公月川因遭水變，遷居於营而□建焉。且從來修明之事，必本於仁孝之思，則其事爲有源矣。蓋先人造基業於前，子孫□□□於後。况龍神之祠，係衆民之所賴以生者也，敢不圮而修明之乎？然子孫之圮而修明之者，則吾先公當年建立之□，不更見之於今日哉！迄今歷年已久，風雨□□，龍神之祠以及樂樓、鐘樓、禪室、山門、墻垣俱已□頽倒塌。霍氏族中子孫目極心傷，感慨係之矣！于是不忍坐視，共議捐資，殚心竭慮，□工重修，辛苦備嘗。兹則龍祠、樂樓、鐘樓、禪室、山門、墻垣功成告竣。或肆或將，春秋匪□，享祀不忒，庶可報龍神之靈應，追先公之舊建，共睹休明而裕後昆哉！惟願後之子孫，世守勿替，以承祧宗祀，永垂不朽云。族派捐資芳名請注於后。

計開養膳地数：□家□地拾貳畝，南水淤地貳拾畝，北水淤地拾畝，老□後渠狸地叁畝。

共花費過錢□□壹拾千文。

經理人：庠生□世禄、□□□、□德伸、霍秉仁、文□海。

石匠：王枝盛施錢伍百文。

木匠：□□庫施錢伍百文。

泥匠：張守樸施錢伍百文。

画匠：□照海、□照江施錢捌百文。

住持僧：廣益。

十七……

道光十年瓜月吉日立。

流芳百世
嘗考青条二峪建設龍王廟由來舊矣屢年
飄搖門窓損壞過是墟者誰不目覩心傷
人民享其福牛羊食其澤豈忍坐視淪落而不知
於是仇池李庄杏溝義旺孔澗等村知會
以為妥神靈之地建立廊亭以為蔽風雨之所但地屬
材甚艰成功雖小費錢不少
湮没而失其傳至於舊碑所載多所損壞其詳不
考其略猶可
失前人今創作之志亦可免後人爭水之患因勒石以
誌不朽云
張輝先撰并書
道光十年歲次庚寅孟冬　吉

672. 四社五村用水碑記

立石年代：清道光十年（1830 年）
原石尺寸：高 110 厘米，寬 60 厘米
石存地點：臨汾市霍州市陶唐峪鄉沙窩村龍王廟

〔碑額〕：流芳百世

尝考青条二峪建設龍王廟，由來舊矣，屡年風□飄摇，门窗損壞，過是墟者，誰不目睹心傷。矧余四社五村人民享其福，牛羊食其德，豈忍坐視淪落而不知修補乎。於是仇池、李庄、杏溝、義旺、孔澗等村，知會公議，修補□□，以爲妥神靈之地，建立廊亭，以爲蔽風雨之所。但地属山□，運材甚艰，成功雖小，費錢不少，正不得以瑣瑣工□湮没而失其傳也。至於舊碑所載，多所損壞，其詳不□考，其略猶可□。將四社五村輪流水日，開列於后，不惟□失前人創作之志，亦可免後人争水之患，因勒石□誌不朽云。

張輝先撰并書。

道光十年歲次庚寅孟冬吉。

永垂不朽

重修三河水平記

鄔城碑云狐岐勝水宋文潞公始開三河東曰龍眼洞河中曰天鑒明河西曰沿山虎尾河水池迤北於三河分水處
設木閘三區號為水平我朝康熙八年邑侯李公鍾盛易木平為鐵平長一丈七尺鐵口內净落均水處三區各五尺
其高除上下樑净一尺八寸厚則上樑四寸下樑五寸共重三千二百觔至四十四年七月忽壞以致鼠牙雀角紛紛
橫滋延至乾隆十年李起雲張漢耀等重按水平兩旁增築五丈餘石堤高三尺厚四尺而訟方息則知水平之於三
河固非無關重輕可有可無之物也詎意今歲六月二十七日因大雨滂沱又值敝壞余等比即傳三河各村渠長會
議僉曰水平三河要物不可一日無之是日即公央余等總理速修余等才疏識淺而身應值年水老亦難諉為異又
任也爰具公禀領示諭即令張蘭鎮和成砂院鑄水平長短高低照舊而厚則加寸焉共重三千七百觔每觔代腳力
錢二十八文凡一切灰石諸般物料俱次第以備八月初八日興工九月初三日
軍憲福大老爺
邑侯李父臺親詣三河勘立水平至二十日石堤成而工始告竣矣余等竊思水平者分水之具而石堤尤為水平之
所依也石堤壞豈惟水無收歛即水平必漸而亦敝今既三河水均煥然改觀後之為老人者慎勿任石堤遂傾頹坐
視其漂揺而莫之救是則余等之所重望也夫

郡庠生任維翰撰文並書

經理東河水老人 監生任懷瑾 貢生任維翰 中河水老人 監生楊元經 監生任述端 西河水老人 監生郭桂旺 郭增高

石匠 原秉直 景豐裕

大清道光十年十月二十四日三河公立

673. 重修三河水平記

立石年代：清道光十年（1830年）
原石尺寸：高192厘米，寬74厘米
石存地點：晉中市介休市源神廟

〔碑額〕：永垂不朽

重修三河水平記

鄔城碑云："狐岐勝水，宋文璐公始開三河，東曰龍眼洞河，中曰天鑒明河，西曰沿山虎尾河。水池迤北，於三河分水處設木閘三區，號爲水平。"我朝康熙八年，邑侯李公鍾盛易木平爲鐵平，長一丈七尺，鐵口内净落均水處三區各五尺。其高除上下梁净一尺八寸，厚則上梁四寸，下梁五寸，共重三千二百斤。至四十四年七月忽壞，以致鼠牙雀角紛紛横滋。延至乾隆十年，李起雲、張漢耀等重按水平，兩旁增築五丈餘石堤，高三尺，厚四尺，而訟方息，則知水平之於三河，固非無關重輕、可有可無之物也。詎意今歲六月二十七日，因大雨滂沱，又值敝壞。余等比即傳三河各村渠長會議，僉曰："水平，三河要物，不可一日無之。"是日，即公央余等總理速修。余等才疏識淺，而身應值年水老，亦難諉爲异人任也。爰具公稟，領示諭，即令張蘭鎮和成砂院鑄水平，長短高低照舊，而厚則加寸焉，共重三千七百斤，每斤代脚力錢二十八文。凡一切灰石諸般物料俱次第以備。八月初八日興工，九月初三日軍憲福大老爺、邑侯李父臺親詣三河勘立水平，至二十日石堤成而工始告竣矣。余等窃思，水平者分水之具，而石堤尤爲水平之所依也。石堤壞，豈惟水無收斂，即水平必漸而亦敝。今既三河水均，焕然改觀，後之爲老人者，慎勿任石堤之傾頽，坐視其漂摇而莫之救，是則余等之所重望也夫。

郡庠生任維翰撰文并書。

經理東河水老人：監生任懷瑾、生員任維翰。中河水老人：監生楊元經、監生任述端。西河水老人：監生郭桂旺、監生郭增高。

石匠：原秉直、景豐裕。

大清道光十年十月二十四日三河公立。

674. 天一龍池

立石年代：清道光十年（1830 年）
原石尺寸：高 35 厘米，寬 56 厘米
石存地點：晉中市壽陽縣五峰山龍池

天一龍池
大清道光十年□□。

千古不朽
仇池村捌日李庄村柒日義旺村四日孔
澗村叁日杏溝村陸日適而復始不許乱
溝違者科罰
仇池香首
李庄香首
杏溝香首
義旺香首
孔澗
泥梓石匠

675. 仇池等村用水碑記

立石年代：清道光十年（1830 年）
原石尺寸：高 125 厘米，寬 55 厘米
石存地點：臨汾市洪洞縣趙城鎮仇池村龍王廟

〔碑額〕：千古不朽

仇池村捌日，李庄村柒日，義旺村四日，孔澗村叁日，杏溝村陸日。周而復始，不許乱溝，違者科罰。

仇池香首：馬得□、馬忠信、董美。李庄香首：李學□、張正海、張思□。杏溝香首：□元德、張培元、王世英。義旺香首：侯安國、李春元、謝天福。

孔澗泥匠：王□。梓匠：李□□。石匠：□□□。

676. 重修五龍聖母祠碑記

立石年代：清道光十年（1830 年）
原石尺寸：高 123 厘米，寬 58 厘米
石存地點：陽泉市盂縣秀水鎮

重修五龍聖母祠碑記

……民以食爲天，民之有賴於食者理也，而食之有資於神者又勢也。然神雖莫不以生民爲心，而神……澤潤萬民者，莫若龍神爲最。……歲，從大夫松下，移建於□□之南，其祠三楹，加以垣墻後，建以樂樓。每當立□時，酬神献戲……禱雨□感無不應，不第爲一鄉一邑之庇，而實海隅山□之福神也。奈多歷年，所□□傾圮。至……衆□一詞，因募請六村，六村人士莫不踴躍争光，復募諸四方，四方君子亦皆……開展，且□樂樓不相□，向□其稍移南方。而地非公所，又謀諸地□，劉公□鋒與……公易地基一分五厘，而□基復遷於此。由是觀之，而廟基至今已三□□。於是爲鳩……昭其文也，造以假格，從其固也。舊地基内，圍以樹木，欄杆以□……無大更易，然亦可以成厥事而復舊觀焉。古有云：莫爲之前，雖美而弗彰，莫爲之後……以後，此年來屢豐大有，四方莫不順成。此固神人感應之……

（以下碑文漫漶不清，略而不録）

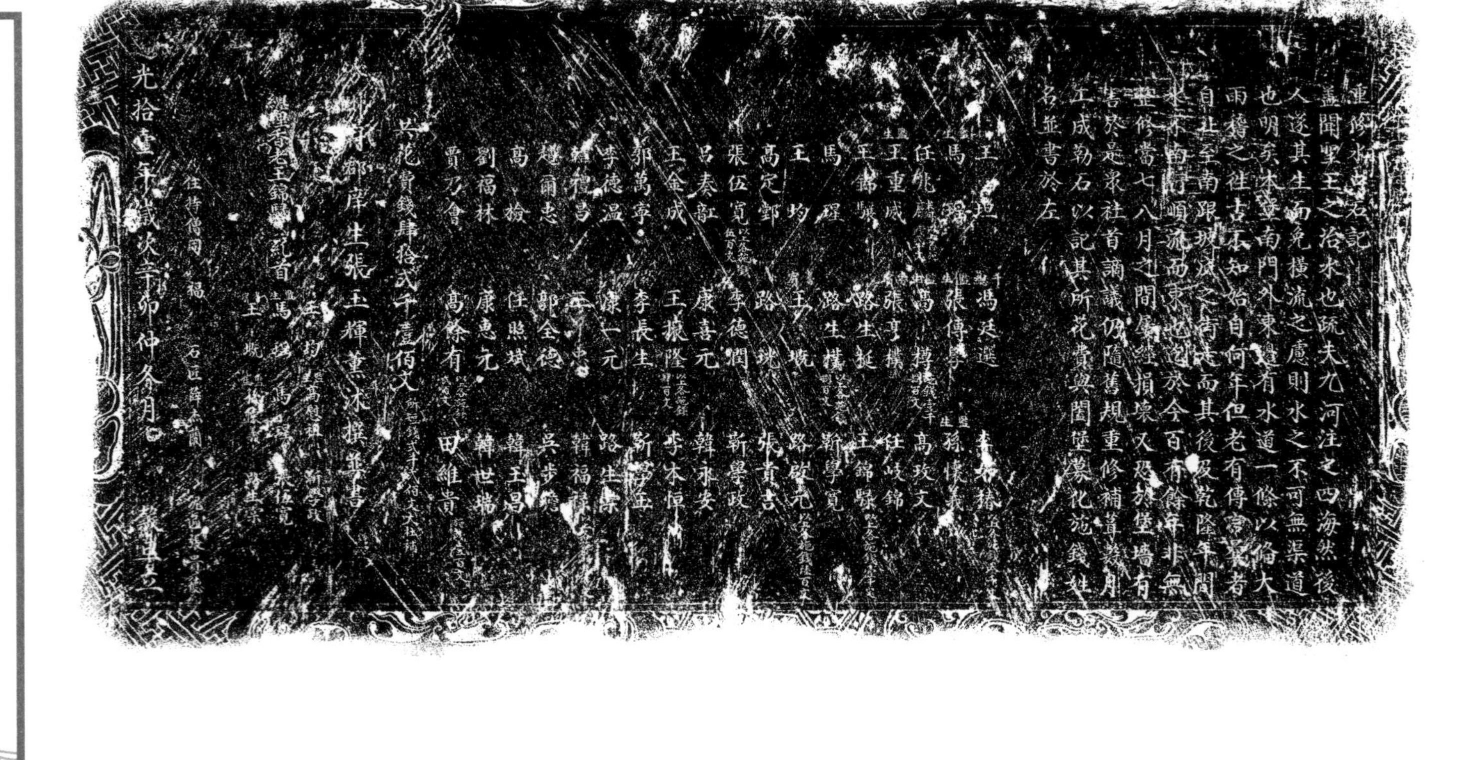

677. 重修水口石記

立石年代：清道光十一年（1831 年）
原石尺寸：高 55 厘米，寬 105 厘米
石存地點：吕梁市汾陽市三泉鎮趙家堡村關帝廟

重修水口石記

蓋聞聖王之治水也，疏夫九河，注之四海，然後人遂其生，而免横流之慮，則水之不可無渠道也明矣。本堡南門外東邊有水道一條，以備大雨，稽之往古，不知始自何年。但老有傳言，曩者自北至南，跟坡底之街走，而其後及乾隆年間，水不南行，順流而東也。迄於今百有餘年，非無整修，當七八月之間，屢經損壞，又恐於堡墻有害。於是衆社首商議，仍隨舊規，重修補葺。數月工成，勒石以記。其所花費與闔堡募化施錢姓名并書於左。

汾州府郡庠生張玉輝薰沐撰并書。

王坦、千□馮廷選、李如春，以上各施錢叁千文。監生馬瑶、監生張傳學、監生孫懷義、任兆麟，以上各施錢貳千文。監生高樽施錢壹千捌百文。高玫文、監生王重威、耆賓張亨樸、任岐錦、王錦驤、路生梃、王錦騄，以上各施錢壹千文。馬理、路生樸，以上各施錢捌百文。靳學寬、王均、耆賓王塈、路啟元，以上各施錢陸百文。高定鄧、路珖、張貴吉、張伍寬，以上各施錢伍百文。李德潤、靳學政、吕奏□、康喜元、韓永安、王金成、王振隆，以上各施錢肆百文。李本恒、郭萬寧、李長生、靳學玉、李德温、康一元、路生棠、韓禮昌、王□忠、韓福禄，以上各施錢叁百文。趙爾忠、郭全德、吴步瞻、高檢、任照斌、韓玉昌、劉福林、康惠元、韓世瑞、賈乃會、高余有，以上各施錢貳百文。田維貴施錢壹百文。

共花費錢肆拾貳千壹佰文，所短錢貳千貳佰文大社補。

總理香老王錦□。

糾首：王均、監生馬瑶、耆賓王塈、監生高慰祖、馬理、監生孫□義、靳學政、張伍寬、路生棠。

住持僧：同福。

石匠：薛杰蘭。

□匠：張貴德。

道光拾壹年歲次辛卯仲春月穀旦立。

678. 重修碑記

立石年代：清道光十一年（1831 年）
原石尺寸：高 124 厘米，寬 55 厘米
石存地點：晋中市左權縣寒王鄉下其至村龍王廟

〔碑額〕：重修碑記

且甚哉，古今之遞變無窮也！盖創□者規□□作，踵事者更張可施。造新補舊，亦安□焉□人昌隆□遠之計哉？如村中有龍王□祠，乃祈禱靈應之地。正殿、兩廊、門樓、戲臺，固整齊嚴肅，□□可觀；無奈戲場□小，不甚容人，則男女抗□，非所以悦人也，而實□所以悦神。所謂祈禱靈應者安在耶？是必因其舊而廣大之，庶乎神人胥悦，永爲昌隆廣□之計也。余父適任香首，觸目□心，不忍坐視。歲在道光己丑，衆請糾首公議，合社人等各捐資財，共襄厥事。於是毁兩廊而立□壁，於樂樓東□廊房□間，廟西建廊房三間。又恐東□□氣□泄，遂立大券於東，小券於南，連及照□。且□□殘缺，則神威不彰，又□大傘三柄、細旗三對、布旗六對、扛衣二領、朝天凳一對、鼓鑼二面、紅黑軍役帽六頂、重□大鼓一面、會鼓十一面，兼修馬王庙拜樓五間，河神庙一座。更慮河水浸逼，爰砌大堰一道，俾有基勿壞。凡百廢弛，無不□舉。今□成告竣，命文於余。余不敢辭，聊□鄙誠，恭疏短引，以垂不朽云。

郡庠生李喆敬撰謹書。

（布施人名漫漶不清，略而不録）

同刊。

大清道光十一年歲次辛卯四月癸巳十二甲午日立。

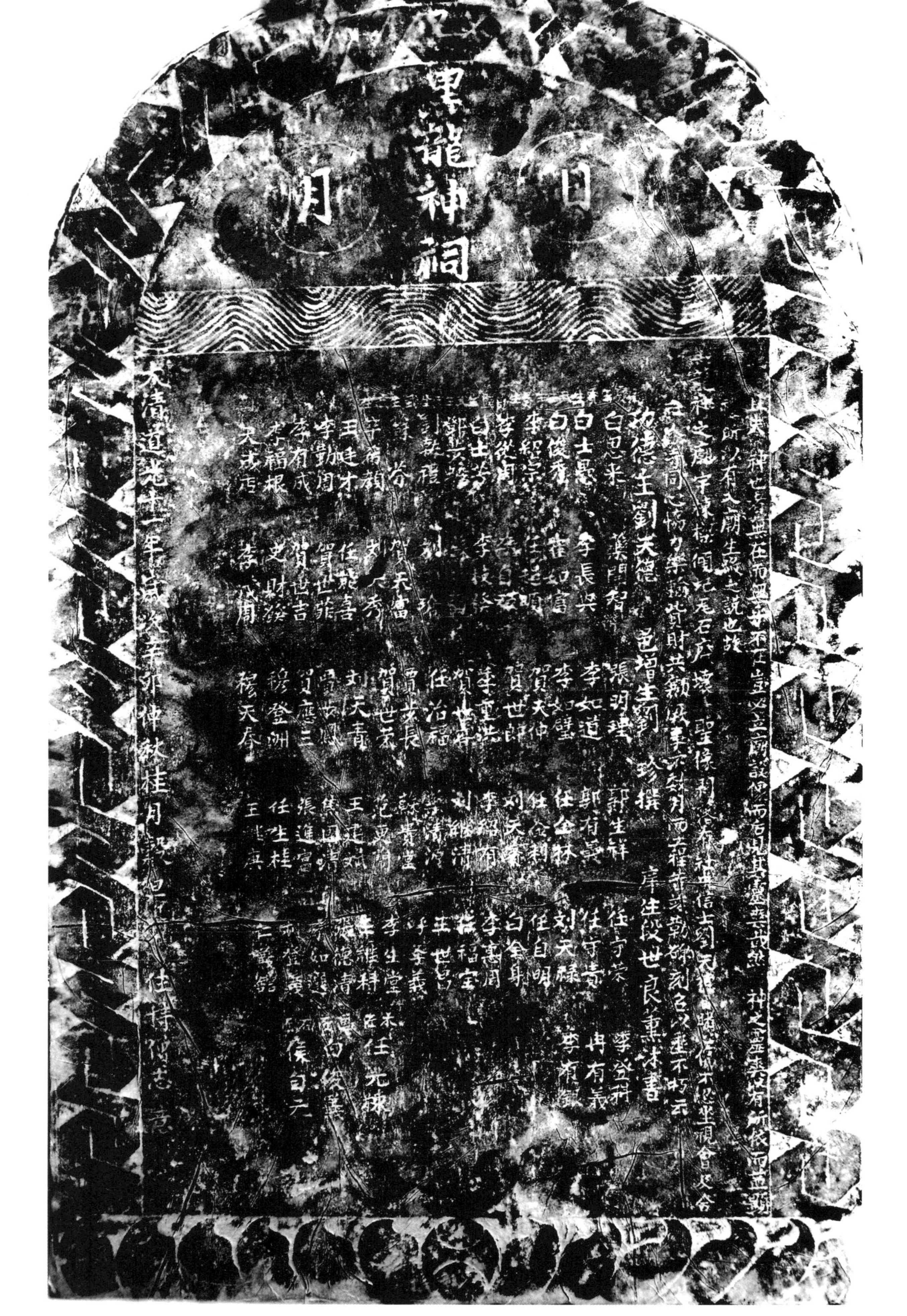
日
黑龍神祠
月

679. 重修黑龍神祠碑記

立石年代：清道光十一年（1831 年）
原石尺寸：高 100 厘米，寬 58.5 厘米
石存地點：臨汾市永和縣芝河鎮岔子里村黑龍王廟

〔碑額〕：黑龍神祠　　日　月

且夫神也者，無在而無乎不在。豈必立廟設像，而后見其靈爽哉。然神之靈爽，以有所依而益顯禮，所以有入廟生報之説也。故黑龍神之廟宇，棟梁傾圮，瓦石廢壞，聖像剥落，有社中信士劉天德，目睹心傷，不忍坐視，會及合社人等，同心協力，樂輸資財，共襄厥事，不數月而工程告竣。勒碑刻名，以垂不朽云。

邑增生劉珍撰，庠生段世良薰沐書。

功德主：劉天德、□□白思來、貢生白士愚、武生白俊秀、生員李紹宗、生員李從周、監生白士芳、武生鄧步蟾、□生劉□禮、武生蘇芳、辛希顔、王廷才、□□李勤周、李有成、李福根、天成店、藥開智、李長興、崔如富、任起順、李自□、李枝發、蘇□、劉瑲、賀天富、劉天秀、任龍喜、賀世菲、賀世吉、史財發、李成周、張明理、李如道、李如璧、賀天伸、賀世郎、李重洪、賀世□、任治福、賈步長、賀世榮、劉天青、賈步鳳、賀應三、穆登洲、穆天春、郭生祥、郭有□、任金林、任金利、劉天賓、李紹有、劉繼清、□清源、蘇貴堂、范更蘭、王建斌、焦國清、張進富、任生桂、王□庚、任守榮、任守貴、劉天禄、任自明、白金身、李惠周、任福寶、王世昌、呼學義、李生堂、王繼科、張德清、李如選、劉登□、任□館、李登科、冉有義、李有銀。

木匠：任光棟。

畫匠：白俊義。

石匠：侯自元。

住持僧：志意。

大清道光十一年歲次辛卯仲秋桂月穀旦。

大清道光拾壹年仲冬　穀旦　立

680. 重修顯澤大王碑記

立石年代：清道光十一年（1831年）
原石尺寸：高170厘米，寬71厘米
石存地點：晉中市壽陽縣松塔鎮十字堙村

〔碑額〕：皇帝萬歲

重修顯澤大王碑記

平定州西百里餘十字堙村，旧有大王廟，起於何時，創自何人，□有名石，無庸□□。迄今□遠年□，風雨剥落，村中父老咸聚□□□□□之有廟，迎神賽社，所必需也。况□應□□神功之□□□□，澤□群黎，□霖普濟，無私不有以□□□何以毁其誠？於是鳩工庀材，土木并□，□□何而金□輝煌，焕然一新。□見檐牙飛□，□擅雕綫之美，□棋流霞，□著峻宇之極。不惟以□觀瞻，而且以妥神靈，以視舊日之□□，不大相懸絶也哉。故□□□言，以垂不朽云。

張秀升撰并書，施銀伍錢。

功德□九魁，男翰朝、翰芳、翰青□□□、富安、元安施銀壹拾柒兩玖錢。□茶張海山，男秀其、秀成、孫景彬施銀三兩玖錢伍分。

糾首：張□□，男志立、志傑，孫峰崟、峰峪、峰萬、峰貫施銀壹拾伍兩肆錢三分。張鎮，男廣冠、廣宧、廣寧、廣□，孫蒼庫、敖柱、民金、根金施銀壹拾肆兩五錢。張廣彦、張廣成，男書翠、元小子，孫秀□、□小子施銀壹拾肆兩捌錢柒分。張進山，男秀愷、秀情孫□□、□□施銀捌兩六錢玖分。張趙氏，男志仁、志□施銀柒兩壹錢三分。張梓悦□，男忠玖，侄男忠建，次男忠□、孫景芳、景蘭、景惠、景□，侄孫景英銀陸兩玖錢一分。張鋌，男廣忠、廣信，孫福玉、文玉、二媧、二文施銀柒兩貳錢五分。張志□，侄男峰瑞、峰珖，孫丁丑施銀柒兩壹錢貳分。張忠□、張忠□施銀伍兩零伍分。張崔氏，男志璠、志林，孫峰□、峰嵐、峰山施銀伍兩貳錢柒分。張志德，男峰全、峰美施銀貳兩叁錢捌分。張翰科，男錦明施銀貳兩伍錢柒分。張峰俊施銀壹兩玖錢貳分。安仲秀，男有光、有庫，孫張富子施銀貳兩伍錢壹分。張九環，男朝錦施銀貳兩壹錢陸分。

住持僧同心，徒賢亮、賢泰、賢智，徒孫主印、主壽、主儀。

石匠張九興施銀肆錢。

木匠楊俊玉、張安益施銀肆錢。

泥匠□□智施銀壹兩，鄭□秀施銀貳錢，趙子根施銀貳錢。

鐵匠趙生英施銀貳錢。

丹青趙夢蘭、王仕璜。

鐵筆鄭杞。

大清道光拾壹年仲冬穀旦立。

水渠碑

681. 水渠碑

立石年代：清道光十一年（1831 年）
原石尺寸：高 160 厘米，寬 77 厘米
石存地點：臨汾市襄汾縣汾城碑林

〔碑額〕：水渠碑

今夫水之爲利大矣哉。開渠者固分其支派，用水者必窮其源委。本莊西北自古有雷鳴水渠一……越尉村上泮及蟠桃泮與尉村下泮，人字分水二條至本莊。泮口渠勢闊大，灌田數千畝，較他泮……迅流澎湃，浩浩乎一巨浸也。本泮而下又有焦彭泮，當□開渠竭勞者，惟兹四村。其餘諸村皆用……稽康熙年間舊誌所載，金皇統四年開渠，實即宋高宗十四年也，迄今六百有餘歲矣。前明宏治……帖，設立九家渠長，各執一紙。奈代遠年湮，積久弊生，於乾隆四十年又奉縣主面諭，訂水利簿貳……本，司渠十六名，輪流管理，新舊更替，恪遵成憲，固有條不紊也。不意於嘉慶、道光年間，用餘水者……主顧憲、李憲、王憲、平陽府分府王憲，屢次詳訊斷明，法責府縣俱存案件，俾各遵古規，率由舊章……不變焉。自今以後，凡我同人按部就班，同其心，協其力，念口分世業之攸關，時勤疏鑒，思仰事……者急公緩私，力事者争先恐後。庶幾哉億萬斯年，莫不享利食德於無窮也，豈不懿歟？勒諸貞……

總理：貢生張倣、監生張□、監生張光殿、增生李□□。

總渠：生員王安、生員張□。

副渠：監生郭□、廩生張□。

司渠：介賓王廣業、介賓張資深、按經歷郭庚虞、貢生王□業、張豐泉、監生李家珍、監生張邦植、張玠、□植、按經歷劉志道、生員王□業、張扶山。

鄉約：周全、郭廷魁、張自興、張春發。

溝。

大清道光十一年歲次辛卯。

682. 重修河神廟碑記

立石年代：清道光十二年（1832 年）
原石尺寸：高 66 厘米，寬 97 厘米
石存地點：長治市襄垣縣北底鄉土合村西寧静河神廟

重修河神廟碑記

且天下有無可記之事，即有不可不記之事。無可記者属無由，而不可不記者豈記反云謬乎？寧静村西南隅有河神廟，不知創自何時，原無可記，但於道光五年重修，七年□成。其间所捐之資既各有数，所費之錢亦盡不虚。此實不可不記者也，故記之。

計開：□□牛治美□□壹百文。恒盛德、長興趙……三合□、□□□、義合店、復興隆、恒盛公、恒盛合、□成德、□麻鎮、萬意店、復興永、三元成、萬莊成，以上各施□□仟文。

（以下碑文漫漶不清，略而不録）

木匠趙毓考，石匠王朝貴，□匠賈春魁。

大清道光拾貳年□□壬辰二月穀旦立。

683. 禁羊賭水碑記

立石年代：清道光十二年（1832 年）
原石尺寸：高 35 厘米，寬 50 厘米
石存地點：晋城市澤州縣金村鎮黄頭村移風寺

禁羊賭水碑記

嘗謂黄頭一村分爲東、西、前三社，禁羊、賭、水之規久矣。衹因社事或合與不合，以致所禁參差之不齊。今社事已合，三社公議：永遠禁止，無論甚羊，皆不許入他人地内。村外交界各有禁石，時久年深，有無不一，有者照舊，無者另竪。村中一概不許開設賭局。南大泊池之水不得自行車載担取。故立墻碑，鑲在公所之處。願諸公各宜遵循，違者加重議罰，不服者送官究處。

道光十二年四月廿四日，三社社首、鄉約公立。

□五行□水居其首故以水列□成□□□
□溥□□□生以人為人生之依□□□□□□
□祖師廟以下渠近河岸由來舊矣□山水泛漲屢次
□壞雖增補日勤亦處徒勞無功難以□久焉因而合社
□□咸謂與其由舊不若將此渠改作老渠尤為甚便唯
□中有無止渠可改者惟宜王安師地開一新渠占地寬
二尺長一十二步占李隆平地寬五寸長二十餘步有水
□能到者惟隆平河边地許其隨便洗滌至於恒□□□
□德堂□□留地俾改止渠為老渠□人已均許出路通行
□□欣然應諾焉於是請集於廟□廷議諸君子情願
□□□□事寔合社人之所感荷者耳但恐世遠年湮
此渠□於漸滅所記不沒人善者安在耶因勒□石以
□古不朽云尔是為序

儒學生員房向陽撰文
儒學生員李□平
李平丹書

總理 李善教 李清花 段継光
總成 天李清彦 李善達 李清波
總 朱福善 香
首事 李光照 曾□生賢 楊文元
王萬祥 李昇平 李敏修
段如玉

住持僧人源廣 儒僧廣進
石匠崔元貞

大清道光十二年仲夏月吉立

684. 東王村水利碑記

立石年代：清道光十二年（1832 年）
原石尺寸：高 44 厘米，寬 58 厘米
石存地點：臨汾市霍州市三教鄉東王村觀音廟

嘗聞五行□中水居其首，誠以水到渠成，其性□出於順，□浸潰灌溉，澤潤生民，尤爲人生之攸托乎！如我東王村，自祖師廟以下，渠近河岸，由來舊矣。第山水浩蕩，屡次損壞，雖增補日勤，亦属徒劳無功，难以固久焉。因而合社公議，咸謂與其由舊，不若将止渠改作老渠尤爲甚便。雖其中有無止渠可改者，惟宜王安师地開一新渠，占地寬二尺，長一十二步，占李隆平地，寬五寸，長二十餘步。有水不能到者，惟隆平河边地，許其随便澆灌。至於恒恭、刘师、張德学、張國富地，僅改止渠爲老渠。人己均許出路通行，諒必欣然應諾焉。於是請集於庙，設筵商議，諸君子情願義讓，□□盛事，實合社人之所感荷者耳。但恐世遠年湮，□此事□於澌滅，所謂不没人善者安在耶！因勒碑石，以爲□古不朽云尔。是爲序。

儒學生員房向陽、儒學生員李華平撰文，李治平丹書。

總管：李善教、成天□、李清彦、李光照、王萬禄、段如玉、李清花、李善達、朱福善、□生賢、李昇平。

香首：段继光、李清波、耆賓楊文元、李敏修。

住持僧人源儒，侄廣達。

石匠崔元貞。

大清道光十二年仲夏月吉立。

重建龍王廟碑記

原夫神聖之靈維千百載以大定錫億萬姓以景福恩
民之後必致力于神以報其恩然在草野親被其澤者
房村舊有
龍王廟宇為里人敬恭明禋之所但歷年久遠風雨漂搖
睹傾頹更嫌廟貌狹小於道光十年因別相勝地卄一
二年更建廟謠不數歲間新廟奕奕汾水映帶其左右
哉神其萃止于將以觀厥德而降福無疆也哉今當助
好善方外樂施者共勒諸貞石以垂不朽云

邑庠生　　撰

辰蒲月吉日立

685. 重建龍王廟碑記

立石年代：清道光十二年（1832年）
原石尺寸：殘高86厘米，寬76厘米
石存地點：臨汾市汾西縣團柏鄉茶房村龍王廟

重建龍王廟碑記

原夫神聖之靈，維千百載以大定，錫億萬姓以景福，恩……民之後必致力于神，以報其恩。然在草野親被其澤者……房村舊有龍王廟宇，爲里人敬恭明神之所。但歷年久遠，風雨漂摇，未……睹傾頹，更嫌廟貌狹小。於道光十年，因别相勝地十一……二年更建厨磘。不數歲間，新廟奕奕，汾水映帶其左右……哉，神其萃止，不將以觀厥德而降福無疆也哉。今當功……好善方外樂施者共勒諸貞石，以垂不朽云。

邑曾廣生員趙運甲撰并□。

（捐施人名及捐施數量漫漶不清，略而不録）

……辰蒲月吉日立。

重修西井碑記

常聞耕田而食，必鑿井而飲，是知民非水火不生活，固然可一日無者也。本村舊有井一眼，往來井井，取之不竭。但歷年已久，漸及圮隤，若不早圖，水既無湧泉之勢，必有昏暮之求，其不至智井無用者幾何哉。合社公議，按地收錢修所有磚石人工一切花費，共使錢壹百千有零，另有花賬存貯社中。恐世遠年湮，不復記憶，爰勒於石，以誌不朽。

邑庠生薛啟秀撰書

總理王梓　工李[illegible]材　而立

道光十二年五月吉日大社公立

686. 重修西井碑記

立石年代：清道光十二年（1832 年）
原石尺寸：高 42 厘米，寬 60 厘米
石存地點：晋城市澤州縣高都鎮薛莊村

重修西井碑記

嘗聞耕田而食，必鑿井而飲，是知民非水火不生活，固不可一日無者也。本村舊有井一眼，往來井井，取之不竭。但歷年已久，漸及圮隤；若不早圖，水既無涌泉之勢，人必有昏暮之求，其不至眢井無用者幾何哉！合社公議，按地收錢修砌。所有磚石人工，一切花費，共使錢壹百千有零，另有花賬存貯社中。恐世遠年湮，不復記憶，爰勒於石，以誌不朽。

邑庠生薛啟秀撰書。

總理、梓工、玉工：薛而立、李德才。

道光十二年五月吉日大社公立。

萬古

687. 重修天龍廟碑記

立石年代：清道光十二年（1832年）
原石尺寸：高157厘米，寬67厘米
石存地點：吕梁市汾陽市西河街道石塔社區

〔碑額〕：萬古

重修天龍廟碑記

酬神之願，里俗相沿；報賽之文，播諸歌樂。是盖爲功於一日，利賴於當時，而令後世享自然之福者，皆前民之惠我於無窮也。饋獻之無術，其何以將乃心而答神貺乎？世敬龍天乃后稷之神，教民稼穡之祖也。村人建廟，崇奉祭祀，其來已久。正殿居其北，兩廊腋於東西，而面南則樂楼也。閲世以來，屡有修葺。庚寅之歲，忽遭地震之灾，將樂楼西南角傾陷。里人等不忍坐視，次年之春，合村化募，□捐己資，補偏救敝，不半載而焕然復新。是非人之力，匠之工，而實則神之德也。功成勒石，聊稽其始末，而爲之記。

汾州府庠生王松齡薰沐謹撰。

汾陽縣庠生王孝堪薰沐敬書。

經理糾首：王□□、孔聯元、李中正、王會雲、劉继祖、陳志仁、韓参前、任兆全。

住持：本周、覺寅。

石匠楊克恭鐵筆。

大清道光十二年七月初六日穀旦立。

688. 重修龍天廟記

立石年代：清道光十二年（1832 年）
原石尺寸：高 210 厘米，寬 80 厘米
石存地點：晋中市壽陽縣平舒鄉米家莊村

蓋聞先王以神道□□，神固所以□斯民俾知理義之大防，而亦以見神威之震疊，民皆明而信之，斷非無故而加諸典也。自古在昔，法施於民者祀之，以死勤事者祀之，以勞定國者祀之，能□大□能捍大□者祀之，以及山川藪澤能興雲雨、養萬物者咸謂之神，而因時以致祀。蓋其有功烈於民，故永垂爲典，昭示來許，信有徵矣。况龍天之澤潤群黎，功施社稷，尤不可不壯其觀□，以爲春祈秋報之所也哉。余村之西米家莊舊有龍天廟，不知建自何時，考諸碑碣，康熙五十有三年已屬重修。□廟貌湫隘，未足以耀大觀。且歷□已久，傾壞相仍，□蓋磚瓦則破敗矣，椽楝榱桷非撓折即朽□矣，垣墉階砌則坍圮矣。甚非所以安神靈而肅祀典也。於是其村信士，募化捐資，共襄盛事。鳩工庀材，增其式廓，毀者移，缺者補，由内及外，皆撤其舊而易以新。功始於二月吉日，於十月吉日告竣。不數月間而文彩□，享祀其中□不復知□舊廟矣。夫神之爲道，在乎默佑。廟固神之所憑依也。則凡木石陶瓦□墁丹青之費，土工木工奔走之役，雖曰人力，安知非神功哉！自是而甘霖普降，禾稼順成，當更有永慰□情者焉。落成之日，村中耆老略述其巔末，請爲文以勒諸石。余辭之不能也，因不揣固陋而爲之記。至於龍天之所以爲神，旱禱輒應，縣志載之。而□呵護之靈，崇祀□□，涌泉山碑記言之甚詳，兹不□□。

上峪鎮乙酉□貢□□直隸州□判王迎瑞撰，□□□上村蘇雋書。

經理糾首：米萬倉、米□俊、米玉碧、米玉杰、米萬有、趙德□、米玉文、米□□、米德泰、米玉儒、米玉□、米銀山、米俊志、米錫山、米兆祥、米□□、趙大□、米守根、米興倉、米廷相、米金寶、米生福、米金□、米□□。

施地基人：王修基施地基貳厘。趙大勇、趙大成施地基□分貳厘五□。米玉俊施地基陸厘。米兆珠施地基五厘。米兆豐施地基壹厘。村中買廟後地基三分柒厘五毫，價錢壹拾伍千文。

陰陽學訓術聶佩□施銀壹兩。

石匠弓令和施銀貳兩。

畫匠：王廣珠。

木匠：米生財、米大成。

鐵匠米廷謨施鐵釵鳳凰。

鐵筆：李榮。

大清道光十二年歲次辛卯應鐘月穀旦。

689. 重修龍王廟并舞樓及建造樓房石橋記

立石年代：清道光十三年（1833 年）
原石尺寸：高 130 厘米，寬 57 厘米
石存地點：運城市夏縣祁家河鄉西山頭村

〔碑額〕：永昭

重修龍王庙并舞楼及建造樓房石橋記

聞之有基勿坏貴有繼也，天下事何在不然哉。况龍王之爲神也，普降甘霖，萬物賴以生成，代天宣化億兆沐□惠澤，安可聽其廟制剥落乎？如本村舊有龍王古庙，原其由不知創自何年，溯其繼修于嘉慶之十三年。是庙也，雖非峻宇雕墻，足壯閭閻之色，而除風蔽雨，聊爲時祭之所。夫何春秋迭逝，輪奂既已非旧，寒暑頻更，堂構不復如初。八班神首目睹心傷，不勝欷□之感，□欲整舊爲新，更兼繕完舞楼并建石橋及南楼三間。爰集諸衆詢謀，僉同，然金無由出，功將難成。乃募化所及，不惜傾囊者甚夥。於是因人寄任，首事者靡不踴躍争先。□歷寒暑而功告峻，其功肇於道光之十一年，而成於十三年也。由是庙貌維新，神光發起，昔也破壁殘垣，今□畫棟雕梁矣。第見楼閈處其左，石橋居其旁，舞楼峙其前，更有井水徐流旋繞其下，是誠兩間之名區，栖神之佳境也。斯庙之修，上既有以紹先烈，下更有以昭來兹，則後之繼今，由今之繼昔，後先暉映作述不替，將所謂有基勿坯者不且永於勿坏，而神得惠我於無疆哉。

至若楼房地基一段，原係合村所置楊門祁氏之地，只因地基不便公議，兑到楊公天離行亭院南基地一段，以備官用。

古虞平邑後學楊正己及徒文會友敬書。

主木僧人：海洛。陰陽：郝登山及侄應苞。

合户清明會共錢壹拾捌□肆百文。楊祁氏施銀壹錢。

化主：楊大撰、楊可德、楊大鸞。

督工：楊玉令、楊天官、楊廷款、楊可信、楊廷英、楊大秋、楊荆山、楊定山。

稷山石工吴有財、鄭清文銀二錢。

時大清道光十三年瓜月上浣穀旦。

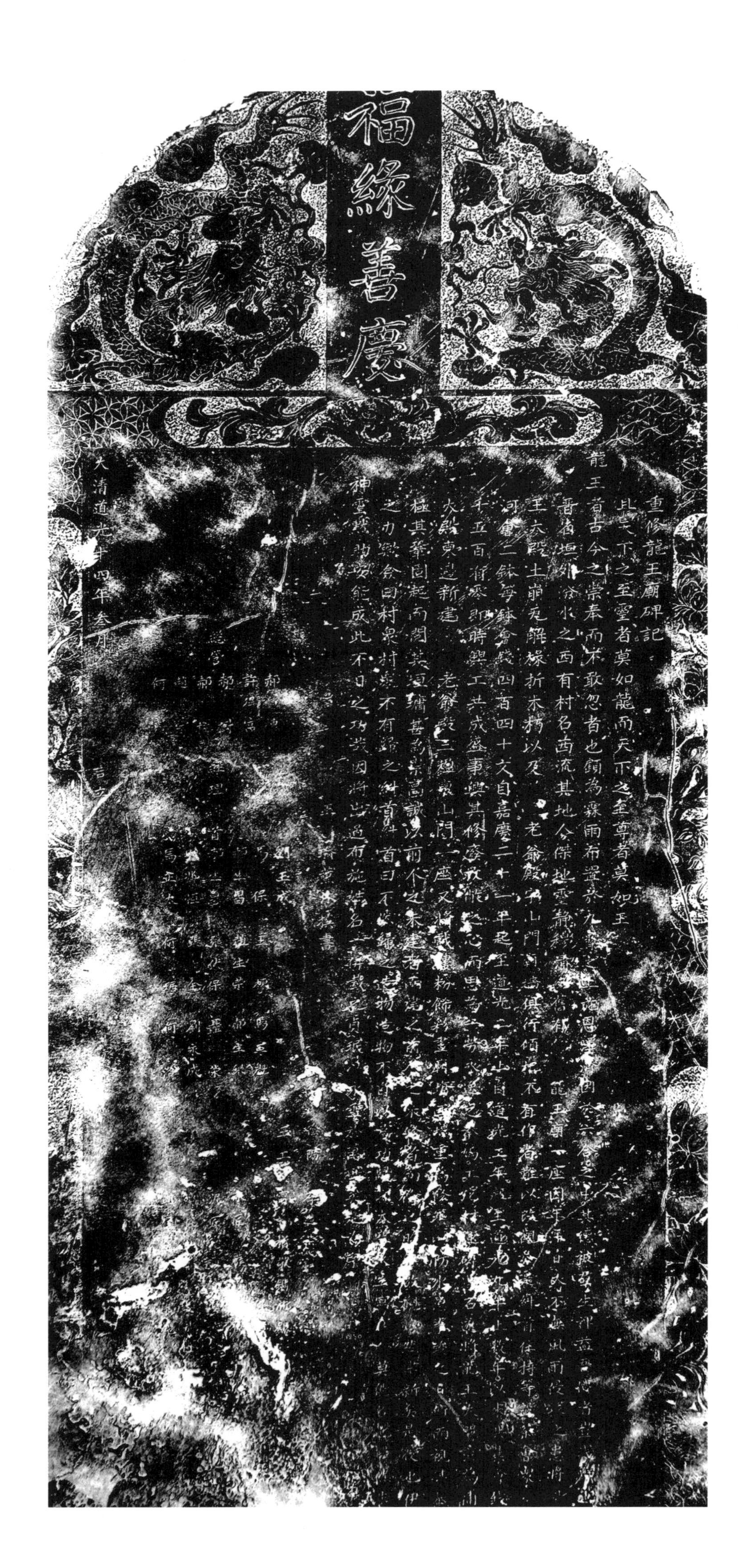
福緣善慶
重修龍王廟碑記

690. 重修龍王廟碑記

立石年代：清道光十四年（1834 年）
原石尺寸：高 162 厘米，寬 70 厘米
石存地點：太原市尖草坪區西流村龍王廟

〔碑額〕：福緣善慶

重修龍王廟碑記

且天下之至靈者，莫如龍；而天下之至尊者，莫如王。龍王者，古今之崇奉而不敢忽者也，顧爲霖雨，布置於九霄之上，施恩澤濟，因於六合之中。其德被群生、裨益吾□者豈淺□□□晋省垣外，汾水之西，有村名西流。其地人杰地靈，静穆清□。舊有龍王廟一座，因年深日久，不無風雨侵□之患，將□□王大殿土崩瓦解，椽折木朽，以及老爺殿宇、山門、廟墻俱行傾圮，不有作者，難以改觀。□□糾首、住持等設茶會，衆□□河會二鉢，每鉢會錢四百四十文。自嘉慶二十一年起，至道光二年止，自道光二年起至道光九年止，數年以來共集會錢□千五百有零。即時興工，共成盛事，興其修廢救敝之心，而思爲一勞永逸之□。鳩工庀材，運磚□石，遂將龍王大□重爲補□。大殿東邊新建老爺殿三楹、東山門一座，又將戲樓粉飾彩畫，廟□□□重为□筑，以防水患。□竣之日，□而視□□□極其鞏固，起而閲其垣墉甚爲崇高。誠以前人之未建者而建之，前人之未修者而修之，□□改觀，□焕然聿矣。是役也，伊□之力歟？僉曰村衆，村衆不有；歸之糾首，糾首曰不然；歸之造物，造物不自以爲功歸……神靈默助，安能成此不日之功哉？因將出過布施姓名一併載之貞珉，以永垂於萬也，□是爲序。

（以下碑文漫漶不清，略而不録）

大清道光十四年叁月吉立。